普通高等教育"十三五"部委级规划教材

生活产品设计

LIFE PRODUCT DESIGN

吴春茂　编著

东华大学 出版社

------- 上海 -------

内容简介

本书第一章介绍了生活产品、生活方式、双钻石设计模型及好设计的标准；第二章至第八章介绍了生活产品的系列分类及设计工具方法：设计善意——为特殊群体而设计；传统现代——传统文化生活产品现代设计；平凡非凡——平凡生活产品中的非凡设计；旅行记忆——旅游纪念品设计；无用设计——废旧生活产品再设计；服务设计——基于服务的生活产品设计；校企合作——生活产品校企合作设计实践等。

本书内容将生活产品的设计方法理论与设计实践相结合，既有理论的提炼，又有实践的验证。本书素材选取了教学团队近几年参与各类设计大赛及校企合作的部分作品，同时也借鉴了国内外许多优秀设计案例。

本书可作为我国高等院校产品设计专业学生的教学用书，同时，对从事生活产品设计相关专业的从业人员也具有一定的参考价值。

图书在版编目（CIP）数据

生活产品设计 / 吴春茂编著 . — 上海：东华大学出版社，2016.9
ISBN 978-7-5669-1111-7
Ⅰ. ①生… Ⅱ. ①吴… Ⅲ. ①产品设计 Ⅳ. ①TB472
中国版本图书馆CIP数据核字（2016）第176263号

责任编辑：杜亚玲
装帧设计：吴春茂、陶梦月

生活产品设计
SHENGHUO CHANPIN SHEJI

吴春茂 编著
出版：东华大学出版社
地址：上海市延安西路 1882 号
邮编：200051
出版社网址：http://www.dhupress.net
天猫旗舰店：http://dhdx.tmall.com
印刷：深圳市彩之欣印刷有限公司
开本：889 mm x 1194 mm 1/16 印张：10
字数：350 千字
版次：2017 年 1 月第 1 版
印次：2018 年 8 月第 2 次印刷
书号：ISBN 978-7-5669-1111-7
定价：49.00 元

好产品源自于真实的生活体验，并创造更合理的生活方式。

吴春茂，现任东华大学服装
与艺术设计学院产品设计系
教师；曾先后获得红星奖、
红点奖、IF 奖、IDEA 奖、
家居风尚奖、光华龙腾奖等；
发表科研论文十余篇；取得
实用新型、外观专利近百项。
网站 :www.wudesign.net

前 言

　　生活产品的范围通常包括与生活息息相关的所有产品。其概念范围比较庞大而又模糊，似乎很难去刻意界定某一类属于生活产品，而去排除其他类。事实上，生活产品关注点不仅仅是产品，更在于使用者生活的本身及使用者的生活方式。因为产品只是使用者生活的承载物，设计师更关注的是产品背后的生活故事与使用者的生活行为。因此，从使用者生活角度出发，与使用者生活紧密相关，为用户更好的生活而设计的产品均应属于生活产品。故，生活产品具有更大的包容性特征。

　　在高校的设计教学课程中，似乎均有生活产品相关的课程。其设计方法同样具有多样性，似乎所有与产品相关的设计方法均适用于生活产品设计。但是，生活产品与其他产品的差异性之一在于其更加生活化，需要从用户真实的生活角度出发，发现用户生活中的问题点，并为其提供情感化、生活化的解决方法。只有对使用者的生活行为、生活方式有了清晰深刻地理解，才能设计出真正进入使用者生活的产品。

　　生活产品设计课程是东华大学产品设计系的专业选修课程。在课堂上，学生需要立足于生活，界定一类用户群体，利用顾客旅行地图、影子观察法、情景故事法等研究方法，深入挖掘目标用户生活痛点，然后利用头脑风暴、思维导图、概念游戏、概念群矩阵、概念筛选等方法发现设计机会点，通过概念整合、细化设计概念、概念反馈、设计模型、情景模拟等方法测试生活产品设计可行性。

　　本书第一章介绍了生活产品、生活方式、双钻石设计模型及好设计的标准。第二章～第八章介绍了作者整理归纳的系列分类及设计工具方法：设计善意——为特殊群体而设计；传统现代——传统文化生活产品现代设计；平凡非凡——平凡生活产品中的非凡设计；旅行记忆——旅游纪念品设计；无用设计——废旧生活产品再设计；服务设计——基于服务的生活产品设计；校企合作——生活产品校企合作设计实践等。当然，此分类仅是抛砖引玉，是为帮助读者清晰地理解生活产品，并灵活运用生活产品设计的方法设计出符合用户需求、能被市场接受，并环保可持续的产品。

　　本书的选题及内容源于近几年的教学思考和方法总结，将生活产品的设计方法与设计实践相结合，选取了本工作室近几年参与各类设计大赛及校企合作的部分作品，同时也借鉴了国内外的许多优秀设计案例。本书虽没有一一标注出设计者姓名，但要向他们表示感谢。由于作者能力所限，书中必定有不当之处，恳请各位专家、同行批评指正。

作者

2016 年 10 月于 1709 工作室

目 录

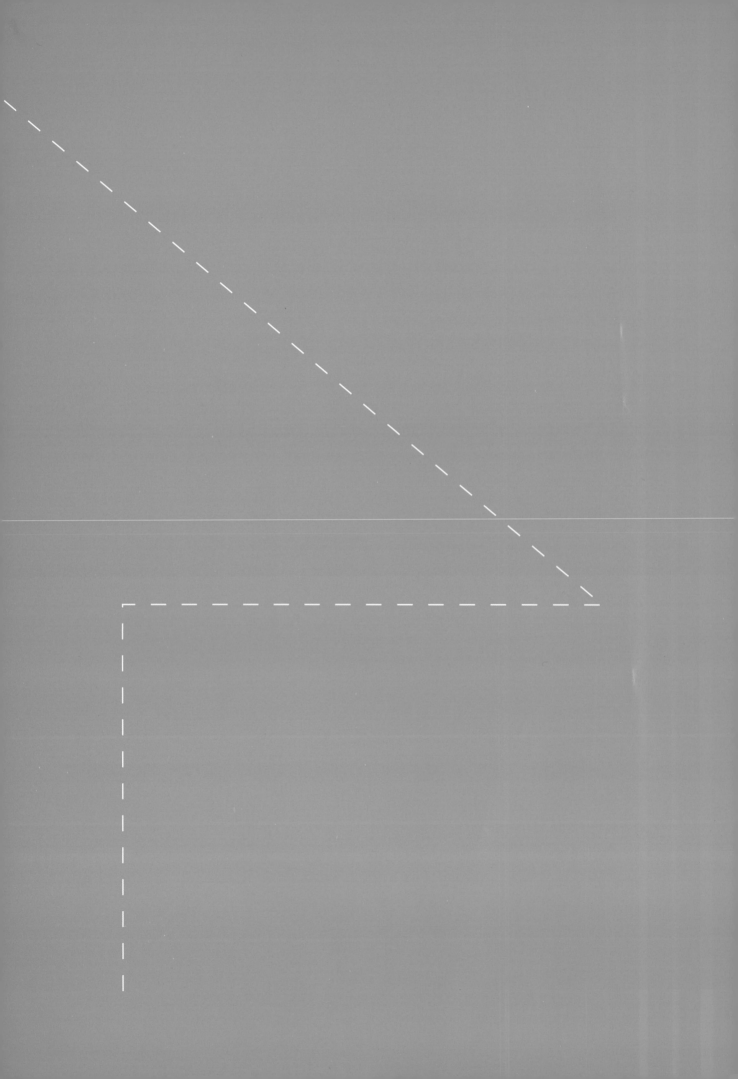

第一章 概 论

1.1 生活产品

生活产品，指生活环境空间内与生活相关的所有产品。生活产品设计则指通过使用设计方法，从情感化、功能化、时尚化层面，针对生活日用品所展开的设计活动。它主要解决人类生活用品的设计问题。与其他种类的产品设计相比，生活产品设计具有自身的特点：生活产品与人的日常生活息息相关，受人的日常生活直接影响，并承载了人们的日常生活。因此，它更注重消费者情感感受，注重器物与消费者的情感沟通乃至传承。生活产品还反映了一定地域文化特征，由于文化的多样性，生活产品也呈现出丰富多彩的特征。

生活产品大致可从以下几方面划分：

按照空间划分，可分为卧室空间、客厅空间、厨房空间、书房空间、卫浴空间、餐厅空间、儿童房空间、阳台空间等（图1.01、1.02）。

按照功能划分，可分为收纳、洗晒用具、床上用品、厨房用品、餐饮用品、清洁用具、洗浴用品、洗漱用具、照明灯具、伞具、鞋用品、休闲坐具等。

按照材料划分，可分成玻璃制品、金属制品、木家具、陶瓷制品、塑料制品、纺织品等。

生活产品设计不只是设计产品本身，更是在设计一种生活方式。生活产品设计师必须对产品的形态、色彩、材料、结构、工艺、表面处理，以及产品与用户需求之间的关系、产品与环境之间的关系、产品与文化传承之间的关系有深入的研究分析才能设计出符合目标定位，并得到消费者接受并喜欢的生活产品。

生活产品设计的方法有多种，其目的均是设计出目标用户需求的产品，创造更合理的生活方式。本书中，作者根据自身设计经验，并结合相关理论书籍整理出了常用的生活产品研究及设计方法。本书共包括八章：设计方法论——双钻石设计方法模型；设计善意——为特殊群体而设计；传统现代——传统文化生活产品现代设计；平凡非凡——平凡生活中的非凡设计；旅行记忆——旅游纪念品设计；无用设计——废旧生活产品再设计；服务设计——基于服务的生活产品设计；校企合作——生活产品校企合作设计实践。作者从不同的角度去介绍生活产品设计的方法及内容，以期望学生能够对生活产品设计有个更全面而客观的认知。

图1.01 不同生活方式下的空间产品线稿-1

1.2生活方式

《中国大百科全书·社会学卷》中对生活方式的定义：生活方式是不同个人、群体或社会全体成员在一定社会条件制约和价值观指导下，形成的满足自身生活需要的全部活动形式以及行为特征的总和。

生活方式的含义多种多样，研究领域各不相同，但始终有一个共同的特征就是对差异性的强调。通过生活方式来思考、区分社会中不同群体的差异，从而清晰地描绘出社会的各个层面，归纳出不同的生活模型。

生活方式与设计

生活方式与设计，尤其是与产品设计之间有着非常密切的联系。设计与生活方式之间是互动共生的关系：设计从生活方式中来，也创造新的生活方式。或者说，生活方式与设计之间相互影响：生活方式是设计的动力和源泉，另一方面设计也提升和创造了生活方式。

生活方式是设计的动力和源泉

设计是人们的物质追求以及精神追求在造物中的体现。其来源于生活，生活中又充满了各种各样的设计，设计随着人们生活不断地演变。设计是适应特定生活方式的产物。以二战后设计风格转变为例，由于战后美国经济迅速发展，消费主义逐渐代替了原先的理性主义。20 世纪 50 年代后成长起来的美国一代已经不满足于被钢筋混凝土以及玻璃幕墙建筑所包围的现代主义风格，有趣、流行的设计风格逐渐出现。这时设计开始关注消费者的消费动向，设计的风格也随之向人性化、趣味化、象征化等方向发展，进而出现了之后的波普风格以及后现代风格。再如，当前信息时代的快速发展要求相应的生活方式与之相适应，快节奏的生活方式因而产生，这也就要求相关产品要具有快捷性与方便性，如速溶咖啡、快餐、洗碗机等都为适应快节奏的生活方式而设计。随着社会的不断发展，人们的生活水平显著提高，人们的生活方式也在不断改变和提升。因此人们需要更好的产品或服务来满足各种物质和精神方面的需求，而生活方式在一定的客观条件下有着自身独特的发展规律，且具有相对的稳定性和历史传承性。这就要求设计师在设计创作时，不仅要考虑到用户当下生活方式的特征，同时还要了解生活方式的历史与趋势。

图1.02 不同生活方式下的空间产品线稿-2

设计能够提升或创造生活方式

设计的本质是发现不合理的生活方式，改进后，使用户、产品、环境这三者之间达到和谐状态（图1.03），最终创造出更美好的生活方式。以宜家为例，其作为全球范围内家喻户晓的家居品牌，在创立之初即以"为大众创造更美好的生活"为宗旨，数十年来一如既往地指导着设计、生产与销售。它的理念是提供品种齐全、美观适用、平常百姓用得起的家居用品。宜家通过体验式的营销手段将其理念传达给消费者，激发了人们对于家的憧憬，更实现了人们对于家的规划。当宜家的产品走进千家万户并带来适用、舒适与温馨之时，宜家实现了自身的价值理念。宜家通过产品将其所倡导的生活方式传递给消费者，促进人们生活方式改变和提升。

以产品为中心、用户为中心、生活方式为中心的设计

在生活产品设计发展历程中，分别出现过产品为中心的设计、用户为中心的设计、生活方式为中心的设计等不同的设计理念。以产品为中心的设计是在企业发展过程中产品作为企业的核心运作，有助于提升企业的核心竞争力，但是产品必须要考虑到用户的真实需求，因此，延伸出用户为中心的设计理念。以用户为中心的设计理念虽然能够极大提升用户的消费欲望，但是带来了环境污染、人与自然、人与人可持续发展问题。而生活方式为中心的设计，需要平衡人、环境、产品、时代的和谐关系。以生活方式为中心的设计不以任何一个要素为中心，它是一个系统的设计过程（图1.04）。

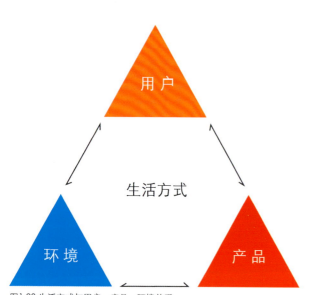

图1.03 生活方式与用户、产品、环境关系

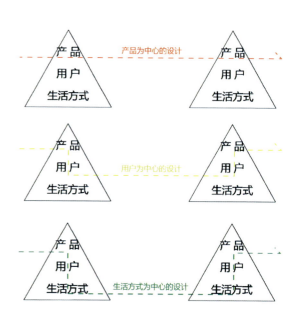

图1.04 以产品为中心、用户为中心、生活方式为中心的设计比较

1.3设计方法论

每一个设计专业均有不同的方法和工作模式，但也有一些共性的创作过程。英国设计委员会发现跨学科的设计人员有着相似的方法来从事设计工作，该委员会设计了"双钻石"方法模型（图1.05）。

这个设计方法模型分为了四个阶段：发现(Discover)、定义(Define)、开发(Develop)和产出(Deliver)。该双钻石(Double Diamond)设计模型是一个设计过程的简洁可视化图。

创作过程中，在得出最理想的设计概念之前，总会有大量设计想法产生，这可以用一个钻石模型表示。但双钻石模型表示这种情况发生了两次：一次是确认问题的定义，一次是创建解决方案。设计师经常存在的问题是省略"问题定义"的钻石模型，直接得出了不正确的"解决方案"。

为了得到最理想设计概念，创意设计过程是迭代的。这意味着概念产生、测试和改进需要经过多次，并可能出现不断地重复过程，才能将不完善的想法去除。迭代过程是一个好设计产生的重要组成部分。

通过双钻石设计方法模型四个阶段，我们可以将设计研究方法比如用户日志、旅行地图等串联起来，整体驱动一个完整的设计项目。

发现：双钻石设计模型的第一部分表示项目开始。设计师尝试用一种全新的方式来发现用户周边的生活，观察身边细节，并收集问题。

定义：第二部分代表设计定义阶段。设计师们试图理解并定义在第一阶段中所发现的所有问题，并整理出最重要的是什么？应该先做什么？什么最可行？其目标是制订一个清晰的创意思路框架图。

发展：第三是发展阶段。该阶段中初步解决方案或概念被创建、原型制作、测试。这个过程帮助设计人员改进和完善自己的设计想法。

产出：双钻石模型的最后一个阶段是产出阶段。其产生的项目（例如：产品、服务）已完成生产，并推向市场。

尽管创作过程很复杂，但以上四个部分指南可以为设计专业学生及从业人员提供一个清晰的思路。

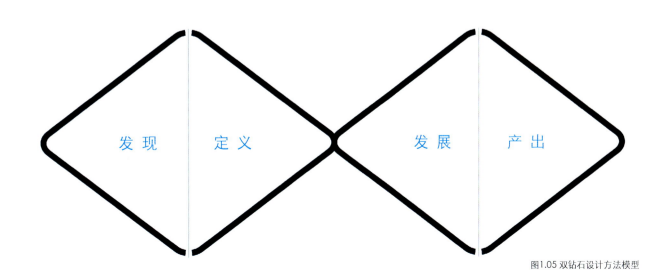

发现　　定义　　　　发展　　产出

图1.05 双钻石设计方法模型

这里作者将头脑风暴、物理原型、可用性测试等 25 种设计方法运用于双钻石设计方法模型的四个阶段（发现、定义、发展和产出）中，并将介绍双钻石设计模型的 25 种设计方法工具（图 1.06）。

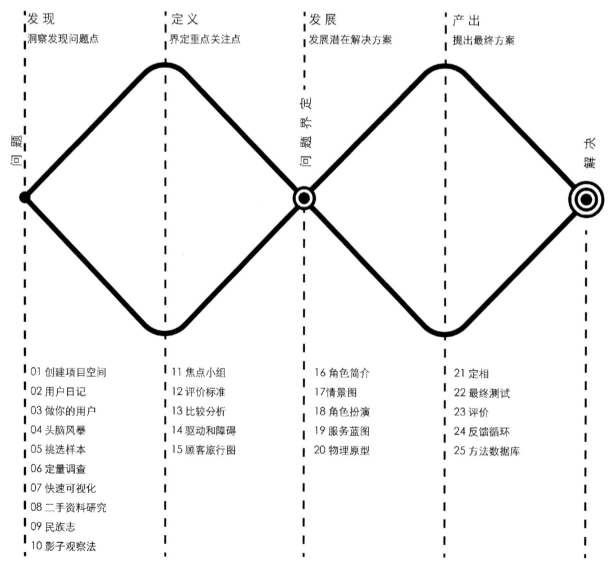

图1.06 双钻石设计模型及方法工具

第一步：发现

初学者可以使用如下方法来开拓设计视野，产生大量的构思和想法。

01. 创建项目空间

是什么： 创建一个专门的项目空间来整理材料、展开设计、组织会议（图1.07）。

为什么： 创建一个项目空间可以帮助设计师整理得到大量的信息，保持项目运作，并与别人沟通并分享彼此的项目成果，塑造良好工作环境。

怎么做： 寻找或者设计一个专门项目空间。可以利用办公桌周边的区域，或者工作室一角，用隔墙或屏风来隔断作为研究空间。在这个空间里，设计师可以举行头脑风暴会议。这样参与者容易被这种氛围所感染。在空间中，以情景故事方式展开一个设计项目，然后与他人分享，并邀请大家参与进来提出想法。随着项目的进行，设计师可以调整空间，展示有关项目阶段的故事。结合适当的照明、沙发和桌子等使空间变得生动有趣。

02. 用户日记

是什么： 提供用户日记本或要求参与者拍摄图片、录制视频或音频。

为什么： 深入了解用户的生活，特别是行为方式。用户日记是收集观察用户数据非常有效的方式。

用户日记需要用户通过观察生活行为的方式来获取日常生活中的问题机会点。照片与视频日记的核心优势是它们帮助捕捉在个体日常状态下自然的、重要的用户体验。照片与视频日记提供了一种方便的方法来研究与捕捉人们在自然日常生活中的重要时刻点，例如：家庭生日聚会、早餐、看电视、洗衣服、睡眠等。

怎么做： 为用户提供一个日记本，并要求用户记录他们的回忆以及与他们生活相关的事件。这本日记可以持续一个星期或更长时间。注意不要提出导向性的问题，这样会影响到研究结果：让问题保持尽可能开放性及语言尽量简单。

提供给参与用户摄像机或者要求他们用手机拍摄照片、视频，这可以成为一种有效的方式来让用户记录重要事件。

照片日记可以与书面日记一起使用。即使他们提供的照片很简单，比如房屋图片，或冰箱内容，这仍能提供洞察用户喜好的价值点。

可以提供一个预先印制的笔记本，带有提示或问题，确保视觉提示设计让用户易于完成任务。

同时，团队成员之间应每周互相分享观察日记，互相头脑风暴，通过公开讨论会的方式发表自己的观察日记。这样久而久之，锻炼了自己敏锐的设计观察力，提升了团队的合作能力，互相激发产生了新的想法。

图1.07 创建项目空间

03. 做你的用户

是什么：一种通过换位思考，将自己置身于用户位置的方法。

为什么：设计师对新产品或服务的试用，来理解用户的想法。

怎么做：确定目标用户群，以确定用户的情境和用户执行的典型任务。将自己置身于用户的角度数个小时、一天甚至一周。置身于用户平时的环境中，执行完他们所做的工作。例如利用一周时间在一个超市做财务，设计师需要做详细地笔记来记录自己的想法。也可以模拟特定的用户特性，例如，戴着手套或遮挡眼睛的眼镜可以模拟一些老年人或盲人的活动，或穿上带有凸起的妊娠套装可以模拟孕妇使用产品的状态。

04. 头脑风暴

是什么：头脑风暴法是一种能够使团队快速有效地产生概念的方法（图1.08）。

为什么：在解决一个问题时能够快速产生想法。

怎么做：

从热身开始，对一个有趣的问题进行头脑风暴，如"我们怎样才能每周一上午不上班？"

问题要清楚、简明扼要。

不要放弃任何想法，将想法写在贴纸上，并贴在墙上。

将想法量化，并设定一个目标，比如100个创意点。

保持焦点集中：前卫和精确的陈述优于模糊的。

保持思想流动，不断地从不同角度去解决这个问题。

为了更有效地执行头脑风暴，参与者需要注意：

暂不评判——发散思维，使想法变得更好。

不要批评！

每次只讨论一个主题。

争取想法的数量——想法越多越好。

疯狂的想法——每一个想法都有效。

视觉化——画出想法或用关键词呈现出来。

在头脑风暴之后，可以将想法整理，便于投票。

图1.08 运用头脑风暴设计工具可快速产生大量想法

05. 挑选样本

是什么：挑选样本可以帮助设计师找到最有效的用户群，以节省时间和预算。

为什么：设计师不可能研究每一个目标用户。因此，在进行一对一访谈和焦点小组研究用户时，挑选样本是第一步。

怎么做：首先通过头脑风暴确定可以影响到用户行为的属性特征。然后选择最重要的属性特征，确定一个有效范围内的用户进行研究。

例如，如果为女乘客设计自行车，设计师可能想研究那些乘用不同交通工具的人。

其他共同的属性考虑可能是年龄、收入、种族和社会经济背景，以及情感特征或态度。

注意：和尽可能多的人讨论比自己独立分析更有效。对所讨论的人与将得到的问题点数量上有一个权衡值，通常是一个 6~9 人的样本。

挑选的样本不一定都具有代表性。事实上，与非代表性的用户交谈，往往也会对项目带来灵感及不一样的洞察点。

如果正在研究寻找机会点，选择不同样本，包括极端用户可以帮助设计师得到更多的概念。如果正在研究深入地设计，那么一个更具代表性和更少量的样本更合适。

06. 定量调查

是什么：对所选择的样本进行数据调查统计。

为什么：了解统计分析图，并向设计师提供有助于项目研究方向的统计信息。

怎么做：有两种类型的定量调查：综合调查与专案调查。

综合调查：是每月定期调查，允许将一系列的问题置于一个共享问卷里，问卷内容要保持多样性。

专案调查：是专门定制式的调查，允许问尽可能多的问题。

这两者都可以委托一个专门的市场研究机构帮助提供一个直接满足项目需求的专门研究报告。注意：需要的信息也可能通过网络或者参考书中得到。因此，二手资料的研究也同样重要。

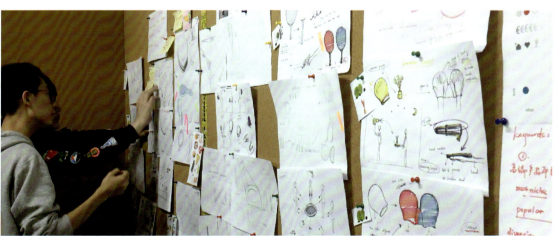

07. 快速可视化

是什么: 快速生成想法草图（图1.09）。

为什么: 可视化的想法会使人们更容易理解和沟通，并反过来刺激新的想法。

怎么做: 可视化草图想法应在头脑风暴中产生。草图不需要完美，只需有足够的细节沟通想法即可。

08. 二手资料研究

是什么: 通过网络或书籍调研一系列的关于客户、竞争对手和政治、社会、趋势相关的信息。

为什么: 研究和了解设计背景以及最新的相关研究进展对于针对性的执行设计项目至关重要。

怎么做: 通过网络搜索、网上图书馆检索或谷歌提醒服务等，让设计师可以收到感兴趣领域已发表的最新文章或观点。

09. 民族志

是什么: 民族志又称人种志学、群体文化学，主要通过实地调查来研究群体，并总结群体行为、信仰和生活方式。

为什么: 民族志通过对代表性人群的生活方式、生活体验和产品使用进行深入理解，达到对消费者及产品功能、形态、材料、色彩、使用方式、喜好和购买模式等进行预测的目的。通过观察消费者面对技术、造型和使用时的情绪和态度，识别用户的相似点和差异性，了解用户想购买什么、喜欢什么，从而明确产品应具备的品质，为产品设计提供依据。

怎么做: (1) 通过对书籍、杂志、网站等各个媒体相关主题资料的收集、分析和归类，提取舆论引导的关键词，对目标群体使用产品的特定活动和背景环境有一个总的理解。

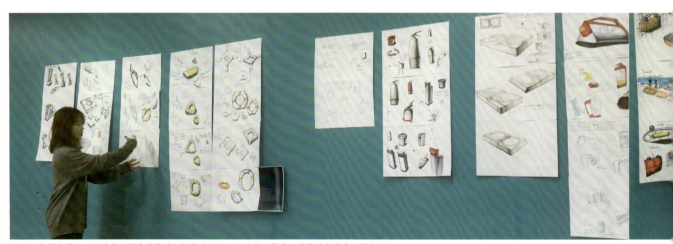

图1.09 京畿大学产品设计专业学生将快速可视化方法运用于头脑风暴中，并快速分享自己的想法

(2) 针对产品使用过程、使用情境和使用态度，通过观察、拍摄、访谈和实地考察等方法，了解使用者的偏好以及如何看待这些产品，并发现特定产品与其生活方式在某些方面行为之间的联系。

(3) 在前期全面、详实、有效的调查研究之后，确定典型的用户模型，从中发现大量可进行设计创新的具体线索，从而指导后期的设计创作。

民族志是一种定性分析方法，能够获取典型的用户隐性知识特点，适合于生活产品开发设计初期阶段的用户研究。

如下几点可帮助设计师完成民族志研究：

(1) 记住民族志不仅是持续地询问问题，重点是仔细地聆听被研究者的回答。

(2) 民族志应该专注、深入地研究少数几个目标用户的生活，而不是研究大量用户。

(3) 认真思考要问询什么问题，并且考虑如何将大量数据转化为问题的发现。

(4) 良好的使用视频、照片以及其他的视觉材料。

(5) 避免从收集的数据中仅仅以列举事实的方式代替讲故事。

(6) 将收集的大量数据详细地归纳，并建构联系。

民族志是一个结合了数据收集、解释、呈现的动态过程。通常情况下，在讨论中，鼓励被试者使用自身、非正式的语言词汇。这种测试帮助发掘人们的语言、行为、思维与产品、服务的关系。如今，几种不同的民族志研究方法通常使用在产品设计中。包括：数码民族志，运用如相机、笔记本、网络来加速数据收集、分析、展示过程；快速民族志是一种预估的方法运用于产品的设计与开发阶段，设计师需要在几小时或者几天就可以得到答案。

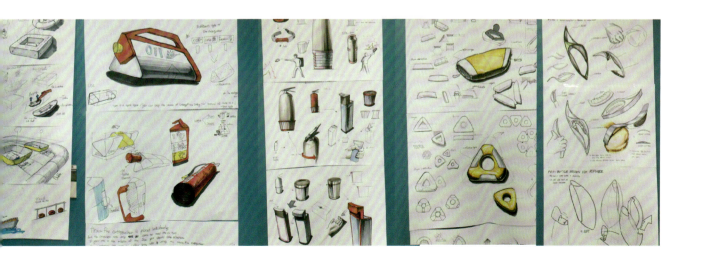

10. 影子观察法

是什么： 影子观察法是将研究者比作一个影子，在一定的预期时间内紧随着观察个体或者小团体的行为（图1.10）。

为什么： 这个方法有助于发现设计机遇，以及展示产品如何影响用户行为。

怎么做： 像影子一样围绕着用户观察，理解他们一天的行程和活动背景。

研究人员将得到丰富且生动的数据。这些研究数据除了用于发掘问题机会点外，也可以为后期相关概念验证提供参考。通过影子观察法撰写一个详细研究报告，有助于设计师了解真实用户需求。

在执行影子观察方法时，以下几点值得关注：

(1) 事前准备。花费点时间在组织和观察个体上。如果设计师不知道项目经理、同事的名字，不关注产品生产线、供应商，没有做足功课，那么在影子观察之初就已经失败了。

(2) 用一个精装本和一支笔来记录研究内容。这将确保设计师无论在哪里都可以做笔记。由于背景噪音，录音在这种情况下不太合适。

(3) 尽量多记录。作为一个局外人观察整个组织的规划，人们给你的第一印象等所有重要的相关信息均需要详细记录下来。

(4) 养成每天整理研究日记的习惯。这有利于记录当天的内容，帮助设计师详实地记录研究数据，也有利于记录自己的思考与瞬间即逝的印象。

(5) 管理数据。在影子观察之前，决定好将如何记录、管理与分析数据资料。

图1.10 影子观察法运用于迪卡侬低幼儿健身产品设计项目中

第二步：定义

使用以下方法来回顾和聚焦观点，界定设计项目所面临的主要挑战。

11. 焦点小组

是什么：焦点小组成员通常由 6~10 人组成，由一个负责人主持，历时数个小时讨论（图 1.11）。

为什么：它可以帮助设计师得到一个主题的用户反馈和产生大量的想法。

怎么做：通过一系列焦点小组，主持人带领小组挖掘对特定主题的想法。为了建立一个民主、自由、非正式的氛围，焦点小组前需要做好各种讨论准备。焦点小组的目的是让人们自由、非正式地交谈，所以小组成员在一起感到舒适很重要，否则他们会保持安静。选择参加焦点小组的人通常是用户群的一部分。有时需要视频来让开发团队观察焦点小组。

12. 评价标准

是什么：一种为未来产品开发挑选最佳概念的方法。

为什么：考虑到多个利益相关者的关注不同，统一评价标准便于选择最佳的想法。

怎么做：通过头脑风暴提炼出一套统一的评价标准。这些需要鼓励参与者在做出评估时积极考虑其他利益相关者的意见。例如，如果要选择一个产品设计进入生产环节，应该都能给每一个想法 1 分到 5 分的标准：

技术可行性（工程团队关注）；

成本（财务关注）；

概念创新性（项目团队关注）；

便携性和尺寸（消费者关注）。

根据评价标准为每个概念打分，然后为每个想法算出最终的分数。

图1.11 东华大学与荷兰鹿特丹大学国际合作课程焦点小组

13. 比较分析

是什么： 对相关问题的大量信息进行视觉分类和排序。

为什么： 当设计师有很多概念想法时，经常不知道从哪开始。对这些想法的排序和分组，通常是最优先的开始方式。

怎么做： 把所有的概念想法写在记事贴上。

通过排除低优先级项目，合并解决相近的方案来减少记事贴的数量。

依次比较记事贴，将最重要的想法放在列表的顶端。按照重要性依次排序所有的记事贴。

例如，如果在选择一辆婴儿车时，设计师想了解最重要的决定影响因素，可以从研究中把所有潜在的考虑因素列出来，然后比较说明以确定最重要考虑因素。

设计师也可以用这种方法来让用户把他们的关注点放置于重要事情上。例如，"在考虑购买一个新产品时，最重要的考虑因素是什么？"

14. 驱动和障碍

是什么： 驱动和障碍是一种帮助设计师了解项目下一阶段具体工作的方法。

为什么： 使用这种方法可了解人们的看法，针对他们的期望，设计师集中精力解决关键问题。

怎么做： 在项目中，汇集不同利益相关者成小组。通过头脑风暴得出对于该项目成功，参与者认为的激励因素（驱动）和阻碍因素（障碍）。收集想法写到两张分开的纸上，设定的项目能不能解决，并确定为了克服障碍，哪个驱动将是最应该被优先解决的。

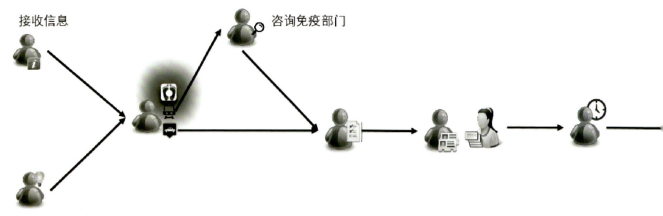

接收信息　　　　　　咨询免疫部门

自身了解信息　　移动　　　填写初步问卷　　向接待室展示问卷　　等候室
通过走路、开车、巴士、地铁

15. 顾客旅行图

是什么：用户旅行的一种可视化表示方法，通过服务展示他们不同的交互体验。顾客旅程地图的功能在于为服务构建生动逼真、结构化的使用体验地图。通常会用消费者服务的接触点作为建构"旅程"的架构点，以消费者体验为内容建构起来体验故事。在故事中，可以清楚地看到服务互动的细节，以及随之产生的体验问题点（图 1.12）。

为什么：它让设计师可以看到哪些部分的服务工作满足了用户和哪些部分可能需要改善（痛点）。透过旅行图的信息，我们能同时理清关于创新的问题点与机会点。而针对特定接触点的信息，则能从个人层面剖析服务体验，作为进一步分析的基础。以结构化服务地图呈现的方式，让我们能运用图像语言来比较不同的服务体验，同时针对本身与竞争对手所提供的服务做快速地比较。

怎么做：首要关键在于理清服务与消费者互动的接触点数量。互动的形式有很多种，双方的面对面接触、透过网络的虚拟互动都是与消费者互动的形式。构建顾客旅程地图必须透过使用者洞察，理清接触点。访谈是建构地图很有效的方式，但也可透过顾客自行建构的资料中取得信息，包括微信、微博，这都能从消费者自己叙述中发现建构顾客旅程地图的资料。

在理清接触点后，就要开始将接触点用具体化的方式连接，构建整体的顾客体验。旅行图要以所有人都能易懂的方式绘制，但也必须具有足够信息，能够详述服务中的消费者洞察。这意味着此旅行图必须以各个人物角色为基础，记录顾客在过程中的行为。运用顾客本身提供的资料来建构，这对于服务过程中的情感传达十分重要，而感情因素也是服务旅程的关键要素。

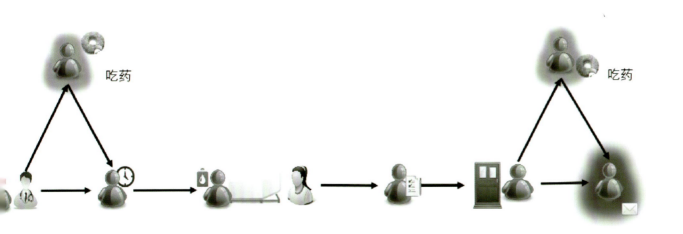

图1.12 关于医疗的顾客旅行图

第三步：发展

使用以下的方法来设计概念，测试产品的可行性。

16. 角色简介

是什么：一种设计师所假设的目标用户和视觉再现目标用户类型的方法。

为什么：视觉化的角色简介可在设计过程中激发概念和帮助决策。它也可以在项目中帮助利益相关者论证设计的可行性。

怎么做：基于目标用户群体确定要设计的关键人物角色。设计师可以给角色命名和视觉再现他们的外表和穿着，他们的愿望、行为、生活方式。重要的是要创建极端用户角色简介，这对于撰写用户生活中的典型一天的故事也有帮助。设计师需整合真实用户的行为属性成为最终的角色用户。

17. 情景图

是什么：在一段时间内，用户与产品、服务或环境进行交互的详细场景。

为什么：这个过程帮助沟通并测试用户可能使用情景下设计概念可行性。这有助于提升服务理念。

情景图可让用户了解产品、服务或环境的互动情景，并完善产品或服务。

怎么做：讲述一个富有特征的故事，描述用户使用产品或服务的情景。定义一组将使用你设计产品的用户角色。考虑他们的生活细节、工作、日常活动和他们的态度，确定用户与设计进行互动的关键时刻，然后以一个故事板情景图的形式呈现。为了解用户互动的全部范围，可能需要围绕不同的角色构建 3~4 个情景，并在每次迭代中提升它们。

设计情境要求设计师不仅预测未来，也需要提出问题及观点。很多产品设计公司现在通过视频来呈现情景故事，这样可以主观定性受众消费者的反馈。视频的使用有助于避免未来趋势的不足，展示目标用户在未来生活中的场景。

18. 角色扮演

是什么：角色扮演意味着当用户与产品、服务或环境互动时，分别扮演什么角色。

为什么：角色扮演可以促使设计师得到更直观反馈，并帮助完善设计。角色扮演可帮助原型与用户在一个服务语境中更好的互动。

怎么做：定义一个将使用该设计的产品、服务

或环境的用户角色。提炼出这些用户与之互动关键时刻，然后角色扮演出来。设计师还可以使用角色扮演作为测试物理原型的方法。

19. 服务蓝图

是什么： 服务蓝图是一个随着时间推移，详细地视觉再现总体服务的方法，即显示用户的旅程中所有的不同接触点和路径，以及一个保证服务执行的后台运作部分。

为什么： 帮助包括参与提供服务的每个人了解他们的角色，确保用户有一个连贯的服务体验。

怎么做： 刚开始通过不同的服务阶段来描述用户的行为，包括从开始阶段、使用阶段、到离开阶段的服务过程。通过服务接触点来定义量化服务。这些接触点都可以划分为不同的方式渠道，如面对面或互联网。

以顾客为导向的服务要素被称为"前台"。为"前台"部分识别和定义接触点和过程也需要一些工作。支撑前台的后勤工作人员、后勤系统及它的 IT 设备，这被称为"后台"的服务。一个服务蓝图可以让你看到前后阶段之间的互动，确保不同服务元素之间的链接和相互关系保持一致。有时候，可能有一系列不同的产品服务，需要多个服务蓝图。在开发一个服务蓝图研发细节之前，首先进行初步规划对团队工作更加有效。

20. 物理原型

是什么： 建立一个概念模型。早期的模型可以非常简单地测试基本原理，当到了设计的后期阶段，需要更精确的模型来细化造型和功能细节。

为什么： 物理原型有助于解决设计概念中未想到的问题。原型让设计师在制作最终样品前，测试设计将如何使用。物理原型也很方便同各利益相关者去沟通设计概念（图 1.13）。

怎么做： 首先确定要测试哪方面的用户体验，建立一个合适的模型来测试。这将根据项目的发展阶段而有所不同。在早期用一个"快速和简陋"的原型用来测试原理。在稍后阶段，可能希望创建"更完整"的原型，以展示详细的造型和功能。例如，首先通过发泡材料快速制作一个粗糙的原型来测试海上救生设备的尺度及使用方式，然后，设计师可以通过构建一个"更完整"的物理原型详细测试造型及功能。使用不同的材料建造原型，并与终端用户测试，或角色扮演演示如何使用物理原型。

图1.13 通过快速物理原型来测试概念产品的尺度、功能原理

第四部分：产出

使用以下方法来完成设计、生产和发布设计项目，并收集反馈意见。

21. 定相

是什么：将产品或服务显示到一张曲线图上。

为什么：在批量生产之前便于风险管理。

怎么做：用 5 个用户组成的小组来测试设计方案。然后尝试 50~100 人的小组测试。如果发现问题要及时解决，以免影响到更多用户，避免了经济损失。即使在双钻石设计模型最后的产出阶段，设计过程同样是迭代进行的。

22. 最终测试

是什么：在生产前最后检查下任何可能的问题，检查产品的标准、法规，进行兼容性测试。

为什么：确保产品解决了应该解决的所有问题。

怎么做：首先检查生产线以确保其功能齐全，也要测试产品在实际环境中的使用情况，而不只是在实验室。

23. 评价（图 1.14）

是什么：在生产完成后提交的项目评价报告。

为什么：给未来的项目启发，包括工作方式和方法，还可以证明良好设计对项目成功的影响。

怎么做：进行客户满意度跟踪调查，看看满意度调查结果是否可以运用到新设计中。为方便用户或客户，可以用问卷调研法进行用户使用评价。

一个新的设计也可以与其他业务性能指标相结合，如提高销售或增加业务量。

还可以使用第三方的测试数据，来比较客户满意度及对于竞争对手的分析。

图1.14 项目评价会

24. 反馈循环

是什么: 有关项目问题的反馈或改进建议。

为什么: 可以得出新的项目或改进现有项目。

怎么做: 通过各种途径收集用户反馈意见。生产后的反馈中产生的新想法（以及在设计过程中出现的想法），如果决定以后开发，这些建议将会出现在设计过程中。同样地，以记录文档或日志的方式整理成实例库对以后的设计过程也很重要。

25. 方法数据库

是什么: 在一个数据库内的所有相关设计方法资料的整合（图1.15）。

为什么: 可以传承设计和用户体验中的最佳实践方法，为以后设计实践提供方法上的查询与指导。

怎么做: 用描述、视频、流程图等方式记录设计过程中使用的方法，通过数据库构建成一个网站。可以围绕单独的方法主题，把每个人的经验通过现场或在线讨论整理出来。有时，方法数据库只开放给设计师；有时，相关组织的每个人都可以访问数据库。这样他们就可以贡献自己的想法和反馈。好的设计方法通过这种方式展示给相关的每个人，这样设计师的工作就显得更有价值。有时一个方法数据库也可以向外部用户开放。通过这种方式分享设计方法，提升了设计在各行各业中的影响力。

例如，Design Kit 是 IDEO 公司推出的一个以人为中心设计方法数据库，提供在线设计方法学习与分享，包括了 50 多种设计方法及案例。该平台已有七万多名会员，每人都可以提出问题及分享想法。

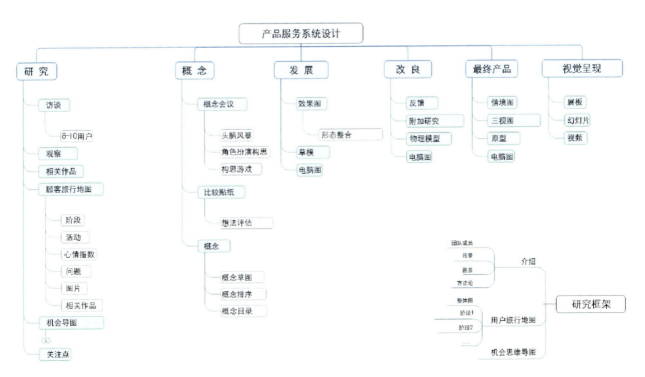

图1.15 利用方法数据库将产品设计常用方法工具按照流程阶段整理归纳

1.4 好设计标准

许多初学设计者经常困惑的问题是：什么是好的设计？

在此，作者列举现代工业设计权威迪特拉姆斯（Dieter Rams）（图 1.16）在1993 年发布的"好设计的十个原则"。在当下的产品设计领域（图 1.17 苹果产品），它仍被视作好设计的标准。好的设计应具备的十项原则：

好设计是创新的（Good design is innovative）

好设计是实用的（Good design makes a product useful）

好设计是唯美的（Good design is aesthetic）

好设计是易懂的（Good design makes a product understandable）

好设计是低调的（Good design is unobtrusive）

好设计是诚实的（Good design is honest）

好设计是极致的（Good design is thorough down to the last detail）

好设计是耐用的（Good design is long-lasting）

好设计是环保的（Good design is environmentally-friendly）

好设计是极简的（Good design is as little design as possible）

迪特拉姆斯将他的设计原则总结为：

少，但更好！（Less, but better!）

图1.16 迪特拉姆斯及代表作

创新

好设计应该是创新的。科技日新月异的发展不断为创新设计提供崭新机会。同时创新设计总是伴随着科技的进步而向前发展，永远不会完结。

实用

好设计让产品更加实用。产品买来是要使用的。产品至少要满足某些基本标准，不但包括使用功能，也要体现在用户的购买心理和产品的审美上。

唯美

好设计是唯美的。产品美感是实用性不可或缺的一部分，因为每天使用的产品都时刻影响着人类和我们的生活。但只有精湛的东西才可能是美的。

易懂

好设计使产品更容易被读懂，好的设计让产品的结构清晰明了。更重要的是它能让产品自己说话。最好是不需要过多复杂的解释，一切能够不解自明。

低调

好设计是谦虚、低调的。产品要像工具一样能够达成某种目的。它们既不是装饰物也不是艺术品。因此，它们应该是中庸的，带有约束的，这样会给使用者的个性表现上留有一定空间。

诚实

好设计是诚实的，不要夸张产品本身的创意，功能的强大和其价值。也不要试图用实现不了的承诺去欺骗消费者。

极致

好设计是考虑周到并且不放过每个细节的。任何细节都不能敷衍了事。设计过程中的悉心和精确是对消费者的一种尊敬。

耐用

好设计经得起岁月的考验，它使产品避免成为短暂时尚，而是看上去永都不会过时。和时尚设计不同的是，它会被人们接受并能够使用很多年。

环保

好设计是关怀环境的。设计能够对保护环境起到极大贡献。让产品在整个生命周期内减少对资源的浪费，降低对自然的破坏并且不产生视觉污染。

极简

好设计是简洁的，但是要更好用，因为它浓缩了产品所必须具备的因素，剔除了不必要的东西。好设计使用最精简的设计语言，表达恰到好处的设计细节。

图1.17 苹果手机产品

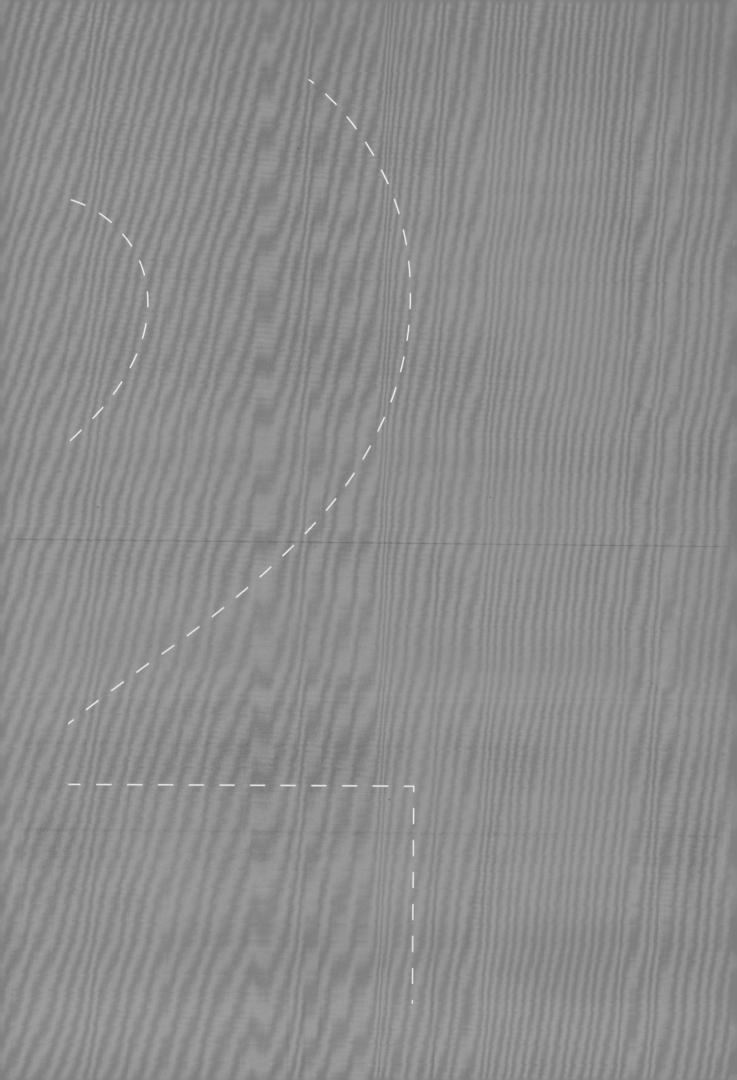

第二章 设计善意 ——为特殊群体而设计

2.1介绍与概念

　　善意设计的思维主要体现在设计方法、设计过程和设计结果之中。善意设计通常情况下更多的是一种态度和一种立场。用这种态度或者立场来提醒设计师们更多关注设计与环境、设计与特殊群体的关系，探讨更多的是一种设计的伦理道德、社会责任问题。

　　特殊群体，是指弱势群体，也被称为社会脆弱群体、社会弱者群体。特殊群体包括盲人、老人、灾难中的求助者、母婴、贫困者以及在社会中处于弱势地位的人。随着社会走向文明，设计理念从为精英阶层设计到为大众设计，再过渡到如今关注特殊群体权益为特殊群体而设计，也就是善意设计。一个优秀的设计师除了要具备科学基础和艺术修养之外，一定要有社会责任心。设计和决策不仅要为精英、大众设计，还要用善意关注特殊群体利益，如图2.01宜家组织设计的模块化难民房设计。

图2.01 宜家难民房单元

背景

全世界每天都有超过 6000 人因为饮用污染的水而死亡，有近 10 亿人住在城市贫民窟，有超过 14 亿人每天在与饥饿作斗争。他们从来没有用过无印良品，也没有躺在宜家的沙发上，事实上这个地球上还有很多人衣不遮体，也有很多人很少走出他们所居住的偏远乡村。全世界有数十亿消费者期待着喝上干净的水，吃上放心的食物，呼吸到新鲜的空气，住在没有战争的环境里。一位前精神病医师 Paul 现在运营一家帮助贫苦农民成为企业家的组织"脱贫"。"世界上最聪明的设计师们都在为世界上最富有的 10% 的人设计时尚奢侈品、高级时装和汽车游艇。"他说，"我们需要一次革命来修正这荒谬的比例。"

目前，越来越多的组织从设计的善意出发，加入到了这场为社会特殊群体而展开的善意设计风潮中。例如，国际工业设计联合会也发起了"Design for a better world"的活动，通过评选世界影响力设计大奖（图 2.02）的方式鼓励那些为改变世界而努力的设计师或机构。

著名的 IF 设计大奖，2015 年首次发起了 IF 公益价值奖 IF PUBLIC VALUE AWARD（图 2.03），旨在鼓励为当下最棘手的问题提出解决方案，并推动社会向前发展。奖励那些强化设计关系，推动和谐共存，改善环境、社会及公益价值的方案。

通过设计的善意鼓励设计师关注社会特殊群体，关注社会环境，通过设计师的智慧让我们生活更幸福、环境更美好、人与人之间更和谐。设计的善意不是以商业为驱动，而是以公益为驱动。在本节中，将介绍无障碍设计、通用设计、包容性设计理念。同时，从盲人、老年人、避难者、母婴、贫困者五类人群为设计对象，介绍相关设计案例。

图2.02 世界影响力设计大奖　　　　　图2.03 IF公益价值奖

无障碍设计

无障碍设计这个概念名称始见于 1974 年，是联合国组织提出的设计主张。无障碍设计强调在科学技术高度发展的现代社会，一切有关人类衣食住行的公共空间环境以及各类建筑设施、设备的规划设计，都必须充分考虑具有不同程度生理伤残缺陷者和正常活动能力衰退者（如残疾人、老年人）的使用需求，配备能够满足这些需求的服务功能与装置，营造一个充满爱与关怀、切实保障人类安全、方便、舒适的现代生活环境。

无障碍设计首先在都市建筑、交通、公共环境设施以及指示系统中得以体现，例如步行道上为盲人铺设的走道、触觉指示地图、为乘坐轮椅者专设的卫生间、公用电话、兼有视听双重操作向导的银行自助存取款机等，进而扩展到工作、生活、娱乐中使用的各种器具。多年来，这一设计主张从关爱人类特殊群体的视点出发，以更高层次的理想目标推动着设计的发展与进步，使人类创造的产品更趋于合理、亲切、人性化。

无障碍设计的理想目标是"无障碍"。基于对人类行为、意识与动作反应的细致研究，致力于优化一切为人所用的物与环境的设计，在使用操作界面上清除那些让使用者感到困惑、困难的障碍，为使用者提供最大可能的方便，这就是无障碍设计的基本思想。

无障碍设计包含两种设计，"辅助用品设计"与"易于接近设计"。无障碍设计主要考虑的对象是特殊人群，他把整个人群根据功能（残疾与否，残疾种类和残疾程度）分为不同群体，根据不同群体确定不同的设计准则与要求，然后设计相对应的专用产品、辅助装置或专用空间。

通用设计

通用设计是指对于产品的设计和环境的考虑尽最大可能面向所有的使用者的一种创造设计活动。通用设计又名全民设计、全方位设计或是通用化设计，系指无须改良或特别设计就能为所有人使用的产品、环境及通讯。它所传达的意思是：如果能被失能者所使用，就更能被所有的人使用。通用设计的核心思想是：把所有人都看成是程度不同的能力障碍者，即人的能力是有限的，人们具有的能力不同，在不同环境具有的能力也不同。

通用设计的演进始于 20 世纪 50 年代，当时人们开始注意残障问题。在 20 世纪 70 年代，欧洲及美国一开始是采用"广泛设计"（accessible design），针对在行动不便的人士在生活环境上的需求，并不是针对产品。当时一位美国建筑师麦可·贝奈（Michael Bednar）提出：撤除了环境中的障碍后，每个人的感官都可获得提升。他认为建立一个超越广泛设计且更广泛、全面的新观念是必要的。

1987 年，美国设计师，朗·麦斯（Ron Mace）开始大量的使用"通用设计"一词，并设法定义它与"广泛设计"的关系。他表示，"通用设计"不是一项新的学科或风格，或是有何独到之处。它需要的只是对需求及市场的认知，以及以清楚易懂的方法，让我们设计及生产的每件物品都能在最大程度上被每个人使用。在 20 世纪 90 年代中期，朗·麦斯与一群设计师为"通用设计"制订定了七项原则：

原则一：公平地使用

对具有不同能力的人，产品的设计应该是可以让所有人都公平使用的。

指导细则：（1）为所有的使用者提供相同的使用方式；尽可能使用完全相同的使用方式；如不可能让所有使用者采用完全相同的使用方式，则尽可能采用类似的使用方式；（2）避免隔离或歧视使用者；（3）所有使用者应该拥有相同的隐私权和安全感；（4）能引起所有使用者的兴趣。

原则二：可以灵活地使用

设计要迎合广泛的个人喜好和能力。

指导细则：（1）提供多种使用方式以供使用者选择；（2）同时考虑左撇子和右撇子的使用；（3）能增进用户的使用准确性和精确性；（4）适应不同用户的不同使用节奏。

原则三：简单而直观

设计出来的使用方法容易明白，而不会受使用者的经验、知识、语言能力等的影响。

指导细则：（1）去掉不必要的细节；（2）与用户的期望和直觉保持一致；（3）适应不同读写和语言水平的使用者；（4）根据信息重要程度编排；（5）在任务执行期间和完成之时提供有效提示和反馈。

原则四：能感觉到的信息

无论四周的情况或使用者是否有感官上的缺陷，都应该把必要的信息传递给使用者。

指导细则：（1）为重要的信息提供不同的表达模式（图像的、语言的、触觉的），确保信息冗余度；（2）重要信息和周边要有足够的对比；（3）强化重要信息的可识读性；（4）以可描述的方式区分不同的元素（例如，要便于发出指示和指令）。

原则五：容错能力

设计应该可让误操作或意外动作所造成的负面结果或危险的影响减到最少。

指导细则：（1）对不同元素进行精心安排，以降低危害和错误：最常用的元素应该是最容易触及的；危害性的元素可采用消除、单独设置和加上保护罩等处理方式；（2）提供危害和错误的警示信息；（3）失效时能提供安全模式；（4）在执行需要高度警觉的任务中，不鼓励分散注意力的行为。

原则六：尽可能地减少体力上的付出

设计应该尽可能让使用者有效和舒适地使用，而尽可能减少体力上的付出。

指导细则：（1）允许使用者保持一种省力的肢体位置；（2）使用合适的操作力（手、足操作等）；（3）减少重复动作的次数；（4）减少持续性体力负荷。

原则七：提供足够的空间和尺寸，让使用者能够接近使用

提供适当的大小和空间，让使用者接近、够到、操作，并且不被其身型、姿势或行动障碍所影响。

指导细则：（1）为坐姿和立姿使用者提供观察重要元素的清晰视线；（2）坐姿或立姿使用者都能舒适地触及所有元素；（3）兼容各种手部和抓握尺寸；（4）为辅助设备和个人助理装置提供充足的空间。

以上通用设计的原则主要强调使用上的便利性，但对于设计实践而言，仅考虑可用性方面还是不够的，设计师在设计的过程中还须考虑其他因素如经济性、工程可行性、文化、性别、环境等诸多因素。

以上原则提倡将一些能满足尽可能多的使用者要求的设计特征整合到设计中去，并非每个设计项目都须逐条满足上述所有要求。

包容性设计

包容性设计是产品或服务能为尽可能多的人群所方便使用，无需特别适应的设计。包容性设计旨在消除生活中不必要的障碍，它使每个人都能平等、自信地参与到日常活动中去。一个包容性的设计方法提供了我们与生活产品新的互动方式。包容性设计是每个人的责任。一个包容性设计作品是通过工程师、设计师、老板、销售员、利益相关者等共同营造的。包容性设计通过满足通常排除在产品使用范围之外群体的特殊需求，增进产品面向更广泛用户的使用体验。简而言之，包容性设计即是更好的设计。设计应该将有没有达到包容性作为评判的依据。好设计应该反映不同使用者的差异化，不能强加任何形式的人为障碍。通过设计与管理包容性的设计作品，体验克服不同人群的挫折——包括残疾人、老年人和带小孩的家庭。我们都将受益于一个符合包容性设计原则的环境中。

英国 CABE（Commission for Architecture and the Built Environment）提供了如下五个包容性设计的原则：

（1）包容性设计将人置于设计过程的核心。要做到这一点，应确保在设计上考虑到尽可能多的人，这将有助于提高个人福利与社会凝聚力。

（2）包容性设计承认多样性和差异性。能够满足尽可能多的人需要是好设计。每个人在某些点可能会遇到一些障碍，例如一个拖着笨重行李的旅游者，带着小孩的父母，老年人或一个受伤的人。包容性设计承认人的多样性，不能强加额外的障碍。轮椅使用者和腿脚不方便的人与正常人的需要同样重要。同精神病人，视觉障碍和听力障碍者学习体验他们目前的问题也很有必要。

（3）当一个单一的设计不能满足所有用户时，包容性设计提供了一个解决方案。通过考虑人们的多样性就容易获得优秀的方案，以使每个人受益。

（4）包容性设计为使用提供灵活性。包容性的设计原则需要理解产品将如何使用，谁将使用它。通过设计来适应不断变化的用途和需求。

（5）包容性设计提供了一种方便为每个人使用产品的环境。让环境容易为每个人使用意味着考虑照明、视觉对比度、材料等。

如果遵循了以上五个原则，产品将会实现：

包容性：每个人都可以安全地、轻松地、有尊严地使用；

灵活性：不同的人可通过不同的方式使用；

便捷性：每个人都可以非常轻松地使用；

容纳性：对于所有人，无论其年龄、性别、种族或者其他情况；

现实性：提供多于一个的解决方案来平衡每个人的需求，并意识到一个解决方案不能满足所有人需求。

社会特殊群体问题的存在是普遍的，因此这是任何一个社会都面临的并且必须解决的问题，它对一个社会的稳定和发展具有重要意义。首先，对社会特殊群体伦理关怀是为了从根本上实现社会公正的理念，因为对于人的基本尊严与基本生活保证是公正的最基本要求。特殊群体理论研究充分体现人文关怀，这与产品设计学科的最终目的是一致的，既满足人的需求，也更全面体现了"人是目的"这一哲学思想。因此将特殊群体概念融入到充满人文关怀的生活产品设计学科领域中，必定会给产品设计界乃至整个设计领域注入新的思想源泉，以此获得新的理论形态与全新的发展领域。

无障碍设计、通用设计、包容性设计的区别

无障碍设计可以视作是自上而下的设计方法和过程，以满足极端用户（图 2.04 金字塔顶端）的需求为首要任务，再拓展至主流用户群体。

通用设计则是一种自下而上的设计过程，以关注主流健全用户为前提，力求提升设计对于特殊用户群体的适用（通用）。

这两种理念存在的问题在于无障碍设计容易使设计异化，满足了特殊群体的需求，但是对于普通用户来说却过于特殊难以使用；通用设计则很容易在实际中由于商业利益的考量而忽略了特殊用户的需求。

基于此，约翰（John Clarkson）和西蒙（Simeon Keates）提出了包容性设计立方体模型（图 2.05）。根据用户能力的差异，立方体自内而外的用户群体分别为：

（1）可以使用此设计的群体；

（2）考虑到"可以使用此设计群体"潜在的变化和多样性而具有一定延展性的群体；

（3）能够受益于此设计的最大化用户群体；

（4）所有人

包容性设计并不是要求设计能够被"所有人"使用，而是力图充分认识"用户群体之多样性"，将其拓展至一个相对的"最大化用户群体"，力图在设计的过程和结果中减少对用户产生无意识的排除；通常情况下，包容性设计的愿景是"所有人"。

随着相关定义、方法、工具以及政策法规的不断发展和完善，这些不同的概念在朝着相同的目标前进，即充分认识并尊重人群多样性，使得越来越多的人从设计中受益。

图2.04 人群金字塔模型：Benktzon, M. 1993.

图2.05 包容性设计立方体模型：Keates, S., & Clarkson, J. 2003.

2.2 设计与实践

2.2.1 为盲人而设计

盲人群体的劣势是其视觉感知缺陷，目前主要获取知识的途径是触觉感知盲文。盲人虽然视觉无法获取信息，但是他们的其他感觉都非常的敏感。我们在设计创意时，遵循如何让盲人快速便捷的获取信息为原则，通过听觉、触觉、嗅觉、味觉的方式来代替视觉获取信息的部分功能，结合现代的科技手段，通过设计为盲人的生活提供便利。

盲人导航砖（图2.05）：为盲人设计的一种创新的导航砖，可以利用射频识别技术提供街道名称和方向。用户可以用他们的手杖触发导航砖，砖将传送信息给耳机。这样，人们不仅知道他们在哪里，而且知道他们要去的地方。此作品的创新点在于通过盲杖点触到按钮，可通过设备告知盲人附近路况。这是通过听觉弥补视觉的设计。

盲人彩色蜡笔（图2.06）：这是一款为盲人设计的蜡笔。这种设计的主要特点是通过嗅觉来感知产品颜色，比如闻到青草的味道，证明是绿色；柠檬的味道代表橙色；咖啡的味道代表咖啡色。利用此原理，盲人用户可以通过嗅觉识别颜色在画布上画画。此作品这正是通过嗅觉设计来弥补视觉上缺陷的案例。

盲人图文翻译器（图2.07）：盲人在阅读的时候，往往不能够感受到图片上的信息。我们是否能够做到让盲人像触摸文字一样，也能触摸到图片。而这款阅读器就能够帮助盲人阅读普通的图书，在翻译文字的时候也能翻译图片。把翻译器放到图书上，内部的盲点就会凸出。遇到文字会自行转译成盲文，遇到图片则是根据图片的明暗产生凹凸感。这样盲人就能通过触摸来感受文字和图片带给他们的乐趣。盲人图文翻译器概念设计作品的创新点在于通过触觉可以让盲人感知书籍的文字与图片，实现无障碍阅读。这是通过触觉弥补视觉的设计。

因此，在为盲人设计产品的创新点挖掘中，可以从用户的感知出发，并考虑到其视觉的缺陷，从其他感知比如听觉、嗅觉、触觉等出发，来弥足视觉上缺陷而带来的生活不便，进而给盲人设计创新性的生活产品。

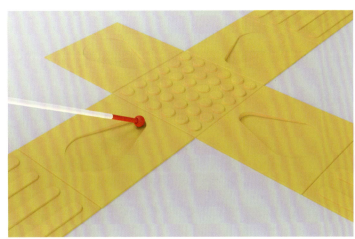

图2.05 盲人导航砖

图2.06 盲人彩色蜡笔

图2.07 盲人图文翻译器

2.2.2 为老年人设计

老年人指年龄在 60 岁以上的人。从 20 世纪初开始，全球人口逐渐趋于老龄化。发达国家从 20 世纪 70 年代末开始已为高龄化社会做准备，并积极推进有关老年产业政策，如已进入高龄化社会的日本、瑞典等发达国家，对老年产业进行了充分调查与研究，以提前应对老年市场。老年市场一词始于 20 世纪 80 年代，亦称"老年产业"。狭义的老年产业是指老年人住宅、家居服务、家事代行、看护和帮助沐浴、日常保护、短期保护等服务。广义老年产业不仅包括对老年人提供的服务，也包括对非老年层老龄后的对策，它不局限于消费，包括了资产管理、老龄后的雇佣、老龄后生活设计等所有服务。

目前我国老年人产品市场无论从种类上还是数量上都不能满足老年人的需求。虽然近年来国内一些企业开始涉足老年人产品领域，陆续开发出了一些专门服务于老年人的新型产品，但是并没有从根本上解决老年人产品供应匮乏的问题。人在步入老年阶段以后，身体机能方面会出现较大幅度的下滑。例如视力、听力、记忆力下降，消化功能减弱，骨质疏松，抵抗力下降等都是老年人常见的症状。

随着社会进入老龄化，为老年人而设计的产品越来越成为热点。包括从老年人日常生活不便带来的辅助产品设计，到老人身体健康检测的便携式产品设计。老年人情感沟通交流问题也是设计的关注点。因此，对老年人的日常生活行为、健康监测及情感交流的特殊设计将成为设计的突破口。

对老年人的设计从遵循安全性、便利性、实用性、保健性、人性化等方面的原则展开，从老年人的实际生活需求出发，设计老年生活用品。

图2.08 便携式药盒

便携式药盒（图 2.08）：老年人年纪大了记性不好，外出时经常会遇到一些问题。比如忘记带药、吃药时找不到水。这款药盒设计针对以上问题，将药盒同水瓶瓶盖相结合，在传统的瓶盖上做出创新。在瓶盖的内部划分出一个空间来置放少量的药物。瓶盖的大小适用于一般的矿泉水瓶，可将药盒直接旋于矿泉水瓶上，方便携带。

记忆陪伴灯（图 2.09）：这是为纪念去世的亲人而设计的一款记忆陪伴灯。当一个亲人去世，这个人一生的互联网信息（微信、邮件、语音、视频等）将被存储到这个灯里面，这对那些仍在世的亲属是一段美好的记忆作为陪伴。由于互联网信息永远不会消失，因此这份爱将是永恒的。同时，这款灯的造型像一颗星星，在寂静的夜晚作为温暖的陪伴。

放大镜瓶盖（图 2.10）：这是一款专门为老人设计的带放大镜的药瓶。当老人需要看药瓶上的信息时，只需要将瓶盖拧下来，放到信息的上面，将会把文字或者图片放大，这样可以让老人方便地看清药瓶上药名、介绍、用量等信息。

以上几款设计均是从老年人平时用药、陪伴，以及生活方便性出发，结合老年人身体机能退化及失去亲人带来的不便，通过辅助功能，解决老年人生活与情感问题。相比较其他类生活产品，老年性产品主要在生活便利性上有一定的差异性。因为，老年人的活动频率和范围均比正常人要小。因此，我们在设计老年产品时，首先要从生活中观察老年人身边的问题，然后对实际的问题利用材料、工艺、结构、技术等不同的角度提出巧妙的解决方案。

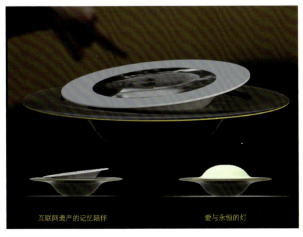

图2.09 记忆陪伴灯

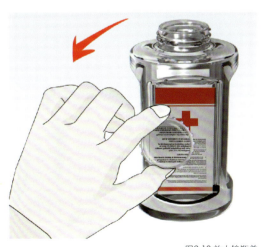

图2.10 放大镜瓶盖

2.2.3 为避难者设计

近年来，全球范围内各类突发性灾难频发，如地震、坠机、踩踏、战争等，给各国人民造成了难以估量的生命财产损失。严峻的形势促使防灾减灾成为了一项备受世人普遍关注的世界性话题，灾难应急及避难等领域的研究亦成为了目前的热点话题。如何最大限度减少突发性灾难给人们带来的生理、心理伤害，是设计中的重要一环。设计需要全面满足人在恶劣环境中的需求，因此产品要简单、易用、高效，同时又能缓解避难者在这种环境中的心理压力。在大型灾难事件中，相关应急产品作为防灾减灾工作的终端环节，最直接的影响着救灾的成败，更应该引起设计师关注。

模块化救生船 - 救生圈设计（图 2.11）

关注热点：2015 年 9 月 3 日，一个 3 岁的叙利亚难民 Alan 和他的家人在偷渡到希腊的过程中，不幸遇难。尸体被冲到了海滩，这引起了全世界的关注。2015 年有数千名难民在偷渡时，死在了大海中。缺乏救生船是造成灾难的原因之一。

解决方案：设计师设计了一个模块化，基于家庭成员人数可自由组合的救生船。它不仅可以将任意模块组合成不同长度的救生船，同时，每个模块可以单独作为救生圈来使用。在紧急情况下，难民只需拉动每个模块底部的紧急拉手，这时每个模块将会变成一个救生圈使用。模块化设计及救生船与救生圈的快速转换，给海难救援产品提出新的概念。

图2.11 模块化救生船、救生圈

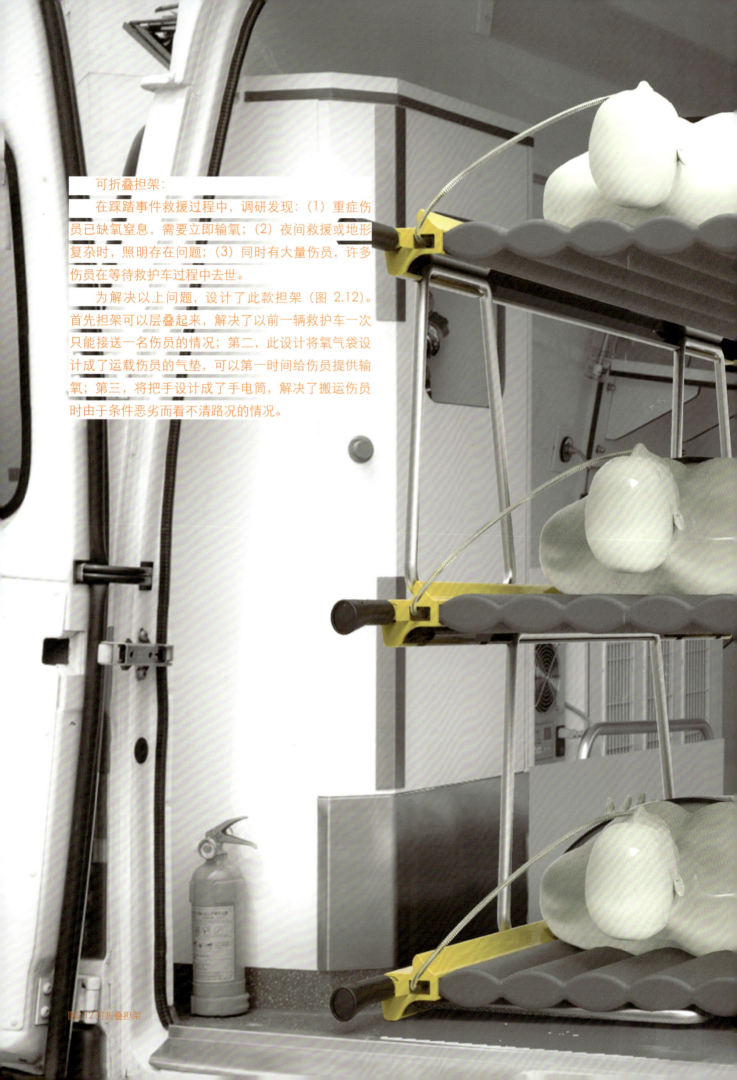

可折叠担架：

　　在踩踏事件救援过程中，调研发现：（1）重症伤员已缺氧窒息，需要立即输氧；（2）夜间救援或地形复杂时，照明存在问题；（3）同时有大量伤员，许多伤员在等待救护车过程中去世。

　　为解决以上问题，设计了此款担架（图 2.12）。首先担架可以层叠起来，解决了以前一辆救护车一次只能接送一名伤员的情况；第二，此设计将氧气袋设计成了运载伤员的气垫，可以第一时间给伤员提供输氧；第三，将把手设计成了手电筒，解决了搬运伤员时由于条件恶劣而看不清路况的情况。

图 2.12　可折叠担架

2.2.4 为母婴而设计

母婴产业是指以婴幼儿及产妇、孕妇为主体需求及导向的产业。它是 2010 年政府扶持的 10 大朝阳产业之一。母婴产品就是婴幼儿以及产妇、孕妇在家居生活中的消费品，它包含了在不同的生长阶段婴幼儿和年轻妈妈的所需。随着消费水平提升和需求的扩大，目前母婴市场的容量也在进一步扩大，母婴产品的市场细分也越来越精细。

母婴产品种类繁多，涵盖了孕婴童食品、婴童玩具、母婴服装、早教和母婴服务、母婴健身活动器具等婴儿衣、食、住、行相关的生活用品和妈妈使用的辅助用品等。

母婴产品的设计主要围绕着婴幼儿的成长、教育、饮食，及母婴亲子活动展开，从婴儿的出生、成长、饮食、活动、认知世界到母亲的身体恢复、哺乳、教育孩子等全流程出发，发现其设计需求点，然后提出解决方案，以方便母婴的生活。

儿童益智水杯：图 2.13 是一套儿童益智水杯的设计方案。通过运用模块化的设计方法，将俄罗斯方块和水杯相结合，实现了以下三个功能：（1）趣味性：使得儿童在玩游戏的过程中喝水；（2）环保性：一次性水杯可以被重新利用成儿童玩具（俄罗斯方块）；（3）可持续性：儿童通过喝更多的水来不断地增加杯子以继续玩游戏。

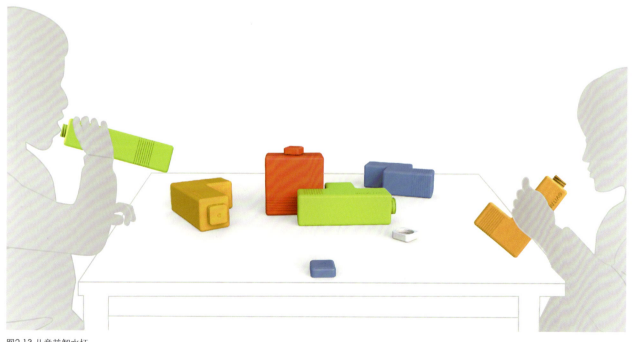

图2.13 儿童益智水杯

　　通常，儿童总爱玩而不喜欢喝水，导致身体因缺水而影响健康。在本设计中，水杯本身是一个玩具。儿童在玩游戏中喝水。为了得到更多的新玩具，儿童需要喝更多的水以继续玩游戏。游戏永远没有结束，以至于孩子天天喝水而养成爱喝水的好习惯。

床椅：图 2.14 是一个婴儿床和椅子结合的产品。它可以为照顾躺在床上的婴儿的父母提供舒适的座椅。婴儿床和椅子的高度设计保持一致，以方便父母更舒适地照顾婴儿；当没有人使用时，椅子可以与床匹配起来，椅子靠背成为护栏。

父母通常会对新生婴儿非常疼爱。他们往往专注于照顾自己的孩子，却忽略了自己的需求。如在床边照顾时，放置一张椅子，以保证在照顾他们的婴儿时，自己也保持相对舒适的坐姿。

这款设计从父母在照顾婴儿时遇到的问题出发，在人机工程学上解决了父母照看婴儿时的不适问题，情感层面上也方便了父母与婴儿的互动交流。

趣味弹球：图 2.15 是设计的一种玩具，可以用来创建自定义设计的重力式弹珠游戏。磁管和轨道可贴到教室的空墙面或冰箱表面。

它由各种不同形状的管子和轨道组成，组件可以以任何方式安排。孩子可以独立或与朋友一起玩。目的是帮助激发孩子们的想象力、敏锐洞察力、演绎推理、逻辑思维和解决问题的能力。在一个有指导的学习场景中，家长或老师可以在白板上画一幅图，以帮助年轻的孩子们装配零件。在一个开放的探索性场景中，孩子们将探索很多有趣的可能性。他们在与其他孩子一起玩耍时，还可以学习如何团队协作。

图2.14 床椅

图2.15 趣味弹球

模块化奶瓶（图 2.16）：儿童在不同的年龄段对奶量的需求不一样。比如 0~3 个月一次性只需 60 毫升奶，3~12 个月一次性需 150 毫升奶，一岁以上的宝宝一次性需 200 毫升奶。问题点是：按照传统方式，无论小孩年龄多大都用同样大小的杯子。

图 2.16 所示的模块化奶瓶可解决以上问题。它有三个模块组成：奶嘴、中间模块和瓶底模块。奶嘴和瓶底模块每次必须使用，但根据婴儿对奶量的需求可调整中间模块的数量。这样就可以根据不同年龄段的婴儿搭配适合自己的奶瓶。

可旋转的奶嘴（图 2.17）：妈妈在给婴儿喂奶的时候由于固定的姿势，经常会导致胳膊不舒服。

图 2.17 的设计将原来固定的奶嘴通过结构的改变将其自由旋转，儿童从多个角度都可以轻松喝到奶。这样就避免了妈妈长期保持固定的姿势，对母婴双方都有帮助。

对奶嘴巧妙地结构设计就可解决婴儿生活中喝奶的问题。生活中关于母婴的设计案例还有很多，其共性均离不开对母婴生活现象的细致观察，以及利用设计方案巧妙地解决问题。

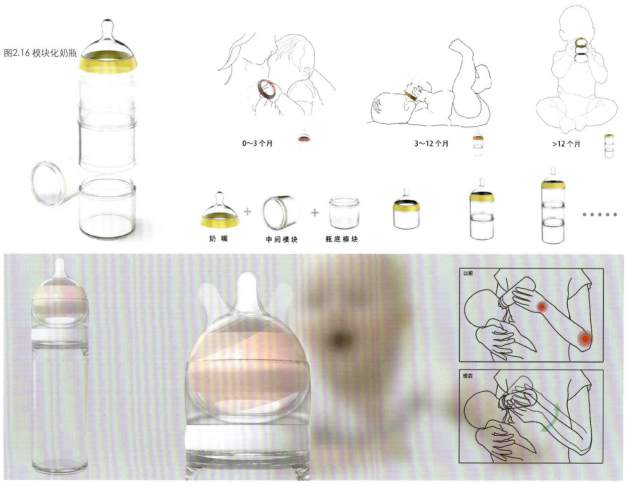

图2.16 模块化奶瓶

0~3 个月　　　3~12 个月　　　>12 个月

奶嘴　＋　中间模块　＋　瓶底模块

图2.17 可旋转的奶嘴

2.2.5 为贫困者设计

世界上有许多人仍生活在贫困线以下或者无家可归。而世界上主流设计师基于商业目的为少数人设计。设计的善意即是提倡设计师应该多多关注贫困地区用户真实需求，用设计思维为他们生活中的问题提供解决方案。他们仍然急需各类日常生活用品，例如干净的水、衣服、食物等。我们的设计可以是实际的生活产品，也可以是一套完整的设计服务，其目的是让贫困地区的用户也能够享受到设计给他们带来的便利，并感受到设计师及其他人对他们的善意及关爱。

近年来，通过世界各大设计奖项，比如世界影响力设计大奖（World Design Impact Award）的获奖作品中近半数作品的解决方案是为贫困地区居民而设计的，例如皮下注射器、生活净水社区、驱蚊报纸等均体现出了设计为解决贫困用户日常生活及改善健康问题而作出的努力。

皮下注射器

据世界健康组织统计，2008 年全球因为不安全的医疗注射引起的疾病中：死亡案例 130 万；注射感染艾滋病毒 34 万例；注射感染乙肝病毒 1500 万例；注射感染丙肝病毒 100 万例。其中多数案例发生在贫困地区。

设计师设计了图 2.18 所示的这款皮下注射器。当注射器使用完毕后，它将会变成红色，以提示该注射器是一次性的，不可以再重复利用。通过改变色彩来提示医生病人的方式可减少因为注射器重复使用而造成血液传播性疾病。

生活净水社区

图 2.19 是一个内置安全存储的高容量净水器，可将微生物污染水转换成安全饮用水。它对那些没有安全饮用水的社区、教育机构等将是一个重要的产品。

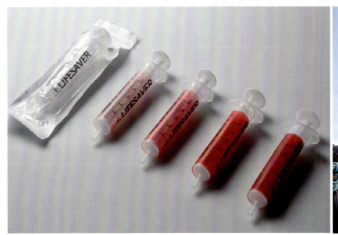

图2.18 皮下注射器

图2.19 生活净水社区

生活净水社区是由耐用塑料制成，并采用先进中空纤维技术、高效过滤方法净化水。内置的安全储存容器能容纳25升净水。它有4个龙头，可同时为4人服务。每个设备可净化水量可以服务社区数年，是一个可持续的水净化解决方案。

驱蚊报纸

登革热是一种致命的蚊子传播疾病。2013年，在斯里兰卡大量蔓延，有超过3万人被感染。当地人习惯早上和晚上看报纸，这也是登革热传播时间段。设计师的概念是：如果用于印刷报纸的油墨含有香茅油（天然驱蚊剂），每一个印在报纸上的字会有助于消除登革热威胁（图2.20）。

在斯里兰卡登革热预防周期间，世界上第一份"驱蚊报纸"出版发行，并演示给当地人如何预防登革热。报纸是传统的信息来源，但这是世界上第一份传播信息和预防登革热的报纸。

为特殊群体而设计，其设计方法与其他产品设计方法主要差异点在于设计的对象及设计的动机上。目前市场上针对特殊群体而设计的产品及服务偏少，在设计时相对容易找到设计切入点。但是，现在主要问题在于：多数设计师是站在正常人的视角去假设特殊群体所面临的问题点，然后通过设计提出解决方案，尤其在概念设计中。就像双钻石设计方法模型中，忽略了问题发现界定的第一个钻石模型，直接导出了解决方案的第二个钻石模型。如果前期的假设是片面的，没有通过影子观察法、角色扮演、民族志等设计研究方法对特殊群体进行深入的设计研究，其结果失败是正常的。因此，在对特殊群体进行设计时，以特殊群体为中心，从他们的视角出发，运用双钻石设计方法模型从发现、界定、发展、产出四个阶段充分体验他们的问题点所在，再进行适时的设计，才能使我们的设计更加科学，最终产品也更符合目标用户需求。

图2.20 驱蚊报纸

第三章 传统现代
——传统文化生活产品
现代设计

3.1介绍与概念

背景

世界上工业设计发达国家，均有各自的设计特点，即本土化特征，比如北欧国家的舒适自然、德国的严谨理性、日本的简约极致。其共同点是：均形成了自己独特的设计风格，走上国际化，并影响了世界。

传统文化与现代设计之间的关系一直是人们讨论的热点话题，在中国这个有着悠久历史的国家也不例外，中国文化源远流长，从思想到形态有无数值得我们传承的地方。传统文化对我国古代的器物、建筑等的设计影响深远，为我们的现代设计提供了很好的思想源泉。这些文化同样也影响着当代设计师的艺术创作和审美行为，特别对现代产品设计的构思与创意拓展了更大的思维与表现空间。如何将中国传统文化元素恰到好处地运用于产品设计是一个需要不断摸索、探讨的课题。

东西方思维的现象学比较—外显与内隐

过去东方人见面鞠躬作揖，西方人见面握手拥抱，因为东方人"内向"，西方人"外向"。内向，所以伸出手握自己的手；外向，所以伸出手握别人的手。正如东方人吃饭用筷子夹，向内用力；西方人吃饭用叉子戳，向外用力。一向内，一向外，这与东方文化的象征物之一是"太极图"，西方文化的象征物是"十字架"有关（图3.01）。

图形符号无法与社会脱离，其社会价值必须在特定地域及文化氛围中研究。图形符号反映了当时当地文化生活特征，是文化特征的视觉化表现。因此，"太极图"与"十字架"之间的视觉差异背后体现的正是东西方之间文化的不同。相比较西方外向性、彰显性的文化，东方文化具有内向性、隐蔽性，在此简称内隐性。"内隐性"是东方文化的属性特征之一。

图3.01 外向性符号十字架 / 内向性符号太极图

文化影响人的生活方式，而生活方式通过人造产品承载，不同地区人们的生活用品也反映了不同的地域文化及生活现象。通过比较西方"十字架"文化与东方"太极图"文化影响下生活现象差异，从衣、食、住、行、乐五个方面比较，每个方面归纳出五个现象，共 25 个生活现象来比较其差异性。不同文化背景下的生活方式差异如图 3.02 所示。

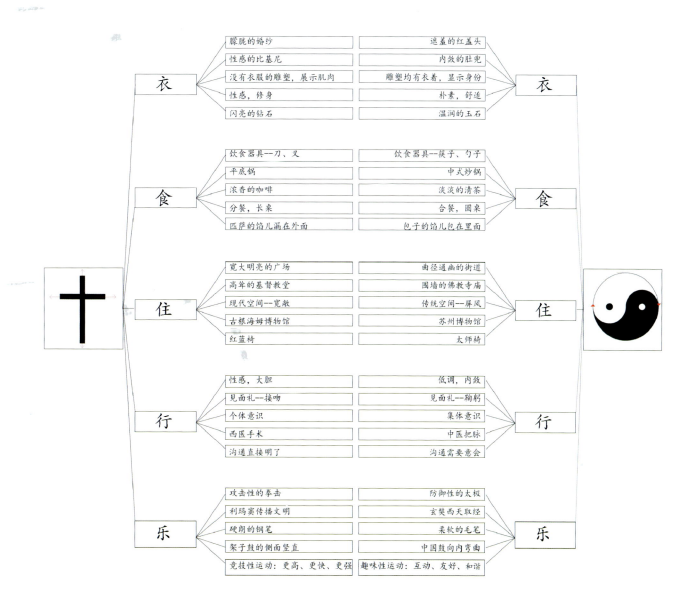

衣

朦胧的婚纱	遮羞的红盖头
性感的比基尼	内敛的肚兜
没有衣服的雕塑，展示肌肉	雕塑均有衣着，显示身份
性感，修身	朴素，舒适
闪亮的钻石	温润的玉石

食

饮食器具--刀、叉	饮食器具--筷子、勺子
平底锅	中式炒锅
浓香的咖啡	淡淡的清茶
分餐，长桌	合餐，圆桌
匹萨的馅儿漏在外面	包子的馅儿包在里面

住

宽大明亮的广场	曲径通幽的街道
高耸的基督教堂	围墙的佛教寺庙
现代空间--宽敞	传统空间--屏风
古根海姆博物馆	苏州博物馆
红蓝椅	太师椅

行

性感，大胆	低调，内敛
见面礼--接吻	见面礼--鞠躬
个体意识	集体意识
西医手术	中医把脉
沟通直接明了	沟通需要意会

乐

攻击性的拳击	防御性的太极
利玛窦传播文明	玄奘西天取经
硬朗的钢笔	柔软的毛笔
架子鼓的侧面竖直	中国鼓向内弯曲
竞技性运动：更高、更快、更强	趣味性运动：互动、友好、和谐

图3.02 不同文化背景下的生活现象比较

基于内隐性的产品设计方法

产品设计的内隐性文化表达,可运用造型、色彩、材料、工艺及所表达的寓意等产品设计要素来体现,这些设计要素是传达文化的媒介。以中国明式家具圈椅为例:明式圈椅是中国传统家具设计中最具代表性的作品之一,其设计要素蕴藏着深厚的中国文化特征。对其设计要素拆解,可分析出产品背后的内在逻辑及设计文化特征,得出"内隐性"在产品设计要素中的体现方法模型。

向内柔顺的造型

如图 3.03,椅圈采用曲线围合造型将椅子后背与扶手连为一体,以流畅而轻快的线为主,造型简练、圆润优美,通过一条完整的曲线营造出一种素雅玲珑的效果。这种向内围合的方式会给人以安全感,满足人们对内向性、隐秘性的追求。

圈椅靠背板设计呈 S 曲线,不仅符合现代人体工学,也体现了造型柔顺的韵律之美。圈椅是方与圆相结合的造型,体现了天圆地方的哲学理念。内隐性产品造型视觉上向内伸展,整体轮廓线条追求方中有圆、圆润饱满,体现内隐性低调、内敛生活风格。

淡雅内敛的色彩

色彩方面,产品使用朴素自然的色彩,而不宜选用绚丽彰显的颜色。首先自然的色彩视觉上舒适耐看,并与环境相融合,不张扬,符合内隐性的产品风格。

图 3.03,传统家具以木材本身的自然纹理作为装饰,色泽温润、木质细腻,与室外的自然景色相呼应,显得朴素、淡雅、内敛。为了符合内隐性的文化特征,产品的色彩选取自然本色达到淡雅内敛效果。大自然的肌理色彩本身就带有丰富的细节。

自然耐用的材料

材料方面,以亲近自然、环保舒适的材料作为准则,比如木材、陶瓷、麻布、竹编等,将传统自然的材料再设计,既体现人与自然和谐统一的理念,又为现代材料设计运用注入东方元素。

如图 3.03,圈椅采用黄花梨、紫檀等优质硬木为主要用材。硬木材质不易变形结合自然花纹,给人一种典雅、大气而又自然之感。自然耐用的硬木使用时间长,属于自然绿色材料。这体现人与自然和谐统一的理念。

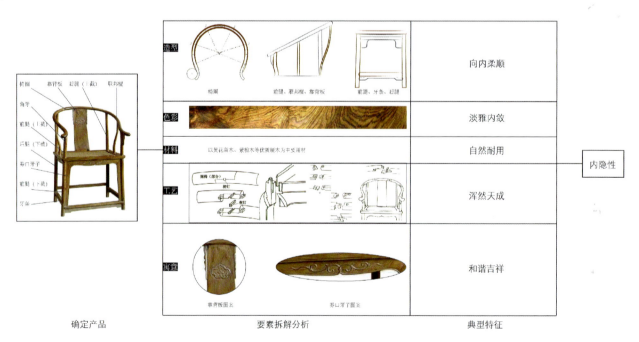

确定产品　　　　要素拆解分析　　　　典型特征

图3.03 圈椅设计内隐性分析

浑然天成的工艺

工艺方面，传统中国造物设计塑造一种"虽由人作，宛若天开"的效果。内隐性的产品不炫耀产品的工艺技术，反而通过精致的工艺使产品材料之间达到一种浑然天成、自然生长的视觉效果。

中国传统家具采用"榫头卯眼阴阳互动"结构，既符合力学原理，又符合自然生态观。产品看似纤巧，结构却结实有力，卯榫之间看不出接合痕迹，使家具表面光润柔滑而精巧。在工艺传达上，产品通过浑然天成的工艺体现出产品材料结构的内隐性。

和谐吉祥的寓意

古人通过图案寓意表达对美好生活向往。图案是巧妙运用人物、走兽、花鸟、日月星辰，及神话传说、民间谚语为题材，通过借喻、比拟、双关、谐音、象征等手法，创造出图形与吉祥寓意完美结合的美术形式。在吉祥图案逐步完善过程中，每种物品已有了它固定的含义，比如"牡丹"寓意"富贵"，"喜鹊"寓意"喜庆"，"瓶"寓意"平安"，"葫芦"寓意"福禄"等。以上吉祥图案任选一种雕刻于家具上，供人们在生活闲暇时品味观赏，增添生活情趣。内向性产品不采用夸张造型，但在形态及图案选取上通过借喻、谐音等表现手法达到对和谐吉祥生活祝福的目的。

如图 3.04，在本节首先确定了圈椅作为产品分析对象，对其设计要素进行拆解为产品的造型、色彩、材料、工艺、寓意五个因素，提出了内隐性产品设计的向内柔顺的造型、淡雅内敛的色彩、自然耐用的材料、浑然天成的工艺、和谐吉祥的寓意五项特征，并进行描述。

设计师在进行内隐性的产品设计时，可以首先将产品设计要素拆解为造型、色彩、材料、工艺、寓意五个要素，结合内隐性的文化特征，并根据产品设计五个要素分别设计，然后五个要素整合，生成最后的新产品。

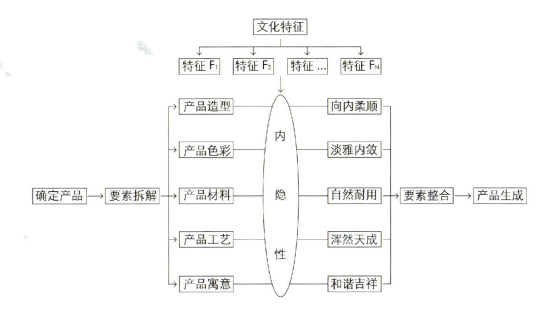

图3.04 基于内隐性的产品设计方法

3.2方法与实践

3.2.1 内隐性生活产品设计实践

经过基于内隐性的产品设计要素解析，明确了在产品设计过程中如何利用各种设计要素来表达内隐性文化的方法。在设计实践中，通过运用以上设计思路方法，以"指点江山·烟灰缸"为设计对象，对以上解析的要素内容进行论证。

指点江山·烟灰缸

如图 3.05，设计过程中，为将内隐性的文化运

用于烟灰缸产品中，可从历史文化故事中汲取灵感，本案例取自毛泽东的《沁园春·长沙》名句"指点江山，激扬文字。"

造型设计上，外部采用向内柔顺的线条，而内部的突起似山峦起伏，给单调的形态赋予了一种山水意境。色彩设计上，选用了淡雅内敛的黄铜本色，没有过多的修饰和炫耀，但给人一种大气磅礴之感。材料设计上，选用了传统金属材料—铜，其气度非

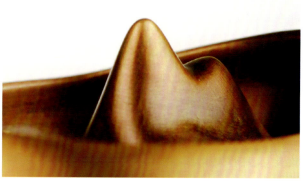

图3.05 指点江山·烟灰缸

凡而不轻浮，随着时间和光线的变化而展现出斑斓色彩，用独特方式表达着丰富的情感。作为当下国际流行的家居设计材料之一，铜演绎了东方的雅致与西方的简练，交融了传统与时尚、低调与奢华的生活态度。加工工艺上，使用失蜡铸造的传统方法，使整个产品像自然生长一样，由于产品没有分模线，给使用者一种虽由人做，浑然天成之感。

　　制作本产品将分为如下八步完成，其详细加工流程及方法如下：

　　第一步，制作泥稿。根据设计方案，用雕塑泥制作1：1的泥稿，由于雕塑泥的可塑性强，可以反复的调整其形态，直到满意为止，同时，在制作的过程中可亲身感受产品三维空间，更加利于对实际产品的理解，如图 3.06 所示。

　　第二步，待泥稿确认后，需要对泥稿进行喷漆处理，便于做硅胶模时方便脱模。使用自喷漆即可，如图 3.07 所示。

　　第三步，待油漆完全干透后，将硅胶用刷子一遍遍刷到模型的表面，注意内部尽量不要有气泡产生，如图 3.08 所示。

　　第四步，将石膏覆盖到硅胶的表面，方便以后做蜡膜时可以固定硅胶模具的形态。待干后，将泥稿从硅胶与石膏模中翻出，如图 3.09 所示。

图3.06 泥稿（左上）／图3.07 泥稿喷漆（右上）／图3.08 制作硅胶模（左下）／图3.09 石膏模固定（右下）

第五步，将液体蜡浇进硅胶模中。注意：将模型保持平稳放置。待蜡干后，将其取出，再进行修整蜡模型，如图 3.10 所示。

第六步，给蜡模表面覆沙粒，制作沙模，待干后，利用沙铸失蜡法，将铜液浇灌到沙模里，将蜡熔化冲出。待干后，将沙模去掉，砂纸打磨表面，如图 3.11 所示。

第七步，表面处理：根据不同的颜色效果，将化学药水刷涂到产品表面，然后做热处理烘干，最后上蜡，使之表面光亮，如图 3.12 所示。

第八步，后期拍摄，如图 3.13 所示。

意境传达上，作者将其取名为"指点江山·烟灰缸"。当用户抽烟时，用香烟指点江山，烟雾缭绕于山间，既有文人的山水意境，又有指点江山的领袖气质，呈简约大气之美，如图 3.13 所示。

通过本产品设计实践案例，学生可学习到按照内隐性设计方法，如何将一款普通产品赋予传统文化内涵和内隐性的特征，并设计制作出时尚现代的生活产品。

图3.10 制作蜡模（上）/ 图3.11 失蜡法浇注（左下）/ 图3.12 后期表面效果处理（右下）

图3.13 后期拍摄，指点江山·烟灰缸

图3.14 双人椅

如下几款产品：双人椅、见山果盘、见福烛台，使用了同样的设计制作方法。

"智者乐水，仁者乐山"双人椅

环抱的山形，清峭自然，符合了背靠大山的风水学，同时，营造出了交谈于山水之间的情境；平静的水面，谦逊儒雅，时而倒映出大山的形貌，亦表现挚友之间的交谈应犹如明镜，推心置腹。

此双人椅（图3.14）的设计灵感来源于中国的"侃大山"，两人聊天正好符合"侃大山"的情景；山形的靠背，也符合了中国凡事有靠山更有安全感的风水学原理，同时，平静的座椅部位好似平静的湖水，雄伟的大山倒映在水中。

此产品符合向内柔顺的造型、淡雅内敛的色彩、自然耐用的材料、浑然天成的工艺，和谐吉祥的寓意，即内隐性的生活产品设计。

见山果盘

源于东晋隐士陶渊明隐居期间的诗句"采菊东篱下，悠然见南山"，中国文人对山水有独特的情怀，见山果盘正是对新文人用户提出的设计方案。在居家使用中，平时可以作为果盘来使用，三个山脚正好可以支撑果盘；当没有水果时，可以将果盘反置于桌面上，形成一件优雅的山水艺术摆件，提升居家生活品位（图3.15）。

见福烛台

在中国传统造物中有很多对葫芦的应用，因为"葫芦"与中国的"福禄"谐音。这一款见福烛台的设计就是运用了这一寓意，烛台造型正是葫芦，寓意生活美满幸福；虚实造型中的两个线条寓意美好生活节节高升。同时，此设计无论造型、色彩、材料、工艺及寓意上都符合了内隐性的设计理念（图3.16）。

图3.15 见山果盘 / 图3.16 见福烛台

在本节中，作者利用内隐性设计方法针对生活产品进行设计，然后利用设计作品来验证设计方法的可行性。

在设计中，每件作品均按照要求使用内隐性设计方法对现有生活产品设计，结果分析如表3.1所示。

在造型方面，四件作品的设计造型均呈现向内、柔顺的特点，整体像流水一样，在作品中没有使用硬朗的线条。在色彩方面，遵循淡雅、内敛的设计原则，所有作品均使用了一种色彩，并且色彩的纯度偏低，给用户的感觉不张扬，但却雅致。在材料方面，除去第一件作品使用黄铜作为设计材料，其他均使用了玻璃钢材料，出于对成本的考虑，对自然、舒适的材料运用并没有进行深入的研究。在工艺技术层面，表3.1中，A，B，C使用了浇注工艺；D使用了数控机床加工工艺。后期的表面处理工艺使两种加工工艺均看不出分模线，体现了浑然天成之感。在情感传达方面，产品A将"指点江山"的故事运用于烟灰缸中，产品B将"靠山"的风水学知识运用于双人椅中；产品C将"山间鲜果"的故事运用于果盘中；产品D将"葫芦"造型运用于烛台中，寓意生活中的"福禄"。所有四件作品均将传统文化运用于生活产品设计中，与中国人的文化理念相符。

表3.1 内隐性设计作品分析

产品设计要素 \ 实验设计 特征	A: 指点江山烟灰缸	B: 双人椅	C: 见山果盘	D: 见福烛台
造型　向内柔顺				
色彩　淡雅内敛				
材料　自然耐用	黄铜	玻璃钢	玻璃钢	玻璃钢
工艺　浑然天成	浇注成型	浇注成型	浇注成型	机床加工
寓意　和谐吉祥	指点江山	靠山	山间鲜果	福禄

3.2.2 传统造型、工艺、文化的现代运用

基于内隐性的产品设计方法，是传统文化现代化的一种尝试，关于该方向的设计方法还有很多种。在此，将简要介绍如下三种其他的传统文化生活产品现代设计方法。

传统造型与色彩的现代运用

在现代生活产品设计中，传统造型、色彩等元素主要作为产品的装饰手段，以语意的形式与产品的使用语境、功能语境相配合，使传统元素的装饰与产品之间产生合乎逻辑的关系，丰富产品的表现形式。而这种装饰元素的运用，并不是直接搬用，而是需要对传统造型、色彩元素进行抽象化的提炼。以符合现代人审美的形式图形或纹样加入产品设计中，而这种元素的加入并不只是起到装饰和美化的

作用，更重要的是元素的加入能够在产品中适当的表现某种功能。传统元素现代运用比较多的做法是将原来二维元素转换为三维的立体形态，并作为造型元素运用到产品设计中，而不是简单将元素运用于二维装饰作用，或者在产品造型的局部运用抽象了的传统元素进行设计。当然，元素的选取要经过仔细的考虑，元素与产品之间应该存在必要的逻辑关系，语意之间要相同，还要符合当时当地的语境，而非是随意的运用毫不相干的传统元素。例如：设计师吕永中设计的篆书系列家具（图 3.17）就是从中国传统书法中寻找到的灵感。中国篆书笔画抑扬顿挫，起笔、运笔、收笔无不传达中国人的内敛与力量。设计师将这种篆书笔画作为元素，进行抽象运用，表现了一种空灵质朴的意境。

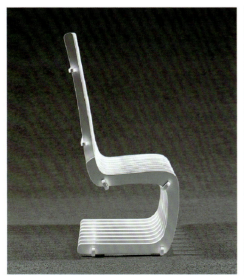
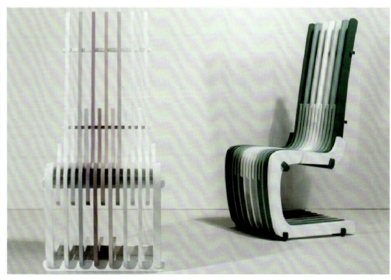

图3.17 篆书椅

传统工艺与材质的现代运用

在应用传统工艺的基础上，挖掘具有本土特色的材质同样是体现中国气质生活产品设计的必要手段。从设计的角度而言，工艺和材质本身就是紧密联系在一起，无法孤立的看其中任何一个。使用何种工艺往往是以运用何种材质为基础，材质不同决定了工艺运用。中国有很多非常有特色的本土材质，例如陶瓷、木材、竹材、纸张、藤、金属、石材、毛毡等。这些本土材质不仅普遍存在，取材方便，而且性能稳定，成本相对较低，更重要的是它们都拥有悠久的使用历史，拥有历史认同感。本土材质配以传统的工艺，应用于现代的生活产品设计能够很好地体现产品的本土精神气息。如图 3.18 所示，中国设计师张雷与实践大学学生分别设计的纸椅均用了传统的造纸技术工艺，将柔软的纸材质利用传统工艺设计成坚固的座椅，传统的工艺将柔软的材质设计成坚硬的产品，给用户意外惊喜之感。

作茧计划：台湾设计师王俊隆与竹编大师陈高明为某家居品牌联合制作的椅子、灯具、花瓶等系列生活产品。设计师先用竹子等材料打造好内部骨架，然后再在其表面缠绕蚕宝宝吐出来的真丝，将竹编间的缝隙自然的补上，产品看上去就像是蚕宝宝在给自己作茧一般。该产品是设计师和蚕宝宝协同参与将该产品设计完成，每件作品均是独一无二的，非常有趣，因此该项目被命名为"作茧计划"（图3.19）。

传统文化的现代运用

乔治亚罗曾说过："设计的内涵就是文化"。要设计具有本土气质的生活产品就必须扎根于本土文化之上，同时还必须关注当下的生活方式，提升对传统文化内涵的理解，挖掘更深层次的文化精髓，

图3.18 纸椅（上） / 图3.19 作茧计划（下）

是设计师必须要做的，而不是仅仅停留在对传统元素表象的肤浅传达上。然而，对传统文化的理解也不应该只停留在过去的文化层面，传统文化是产生于过去而一直延续到现在的文化成果。传统文化在新的社会、新的语境下应该焕发新的生命力。

借物抒情是中国传统文化中的一种常用表达方式，上上公司设计的荷塘月色香器就是一个例子（图3.20）。莲在中国文化中代表着正直、清廉与高洁。当香椎燃起时，烟雾会从莲蓬底部缓缓流出，好像河面的晨雾。随后烟雾会慢慢囤积在托盘中央，好像夜空中一轮明月。其实"荷塘月色"中的"月"就是由烟雾形成的月影。烟雾缓缓在盘中舞动，时多时少，就好像月亮阴晴圆缺，人生悲欢离合。通过现代造型、材料表达中国新文人的文化意境。

以上，传统造型与色彩、工艺与材质、文化的现代运用，不是孤立运用的，三者是相辅相成，并互相影响的。所有的传统要素均是为了服务现代的用户。在国际化的背景下，多元文化互相交叉、借鉴，传统的文化之所以适应地域性的用户，因为它反映了当地用户的生活方式，因此我们不能一味的抛弃或照搬照抄传统文化，而是合理的运用它，来适应当下用户的生活方式，而设计就是链接过去、现在和未来文化及生活方式的桥梁。如图3.21所示，该产品是一款"二维码"的印章，利用中国传统的印章的原理，将原来的签名置换成了现代科技感的二维码，用户可以通过扫一扫了解印章背后的更多信息。设计师通过传承传统文化但置换内容的形式，将传统的生活方式实现了现代化。

传统与现代的关系是一个永恒的话题，任何的传统只有运用于现代生活中才能够得到可持续的传承，而现代产品设计亦不能丢掉传统，而是在传统的基础上实现创新。在本章中，提出了内隐性的设计方法、传统造型与色彩的现代运用、传统工艺与材质的现代运用、传统文化的现代运用等设计方法，以期对设计中国文化韵味的生活产品提供借鉴。

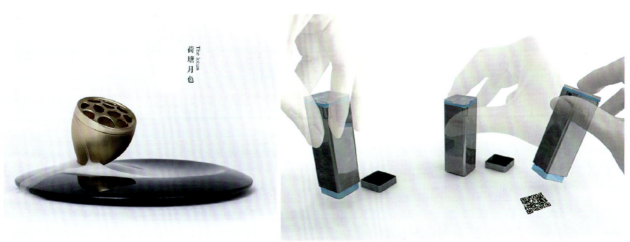

图3.20 荷塘月色（左）/ 图3.21 "二维码"印章（右）

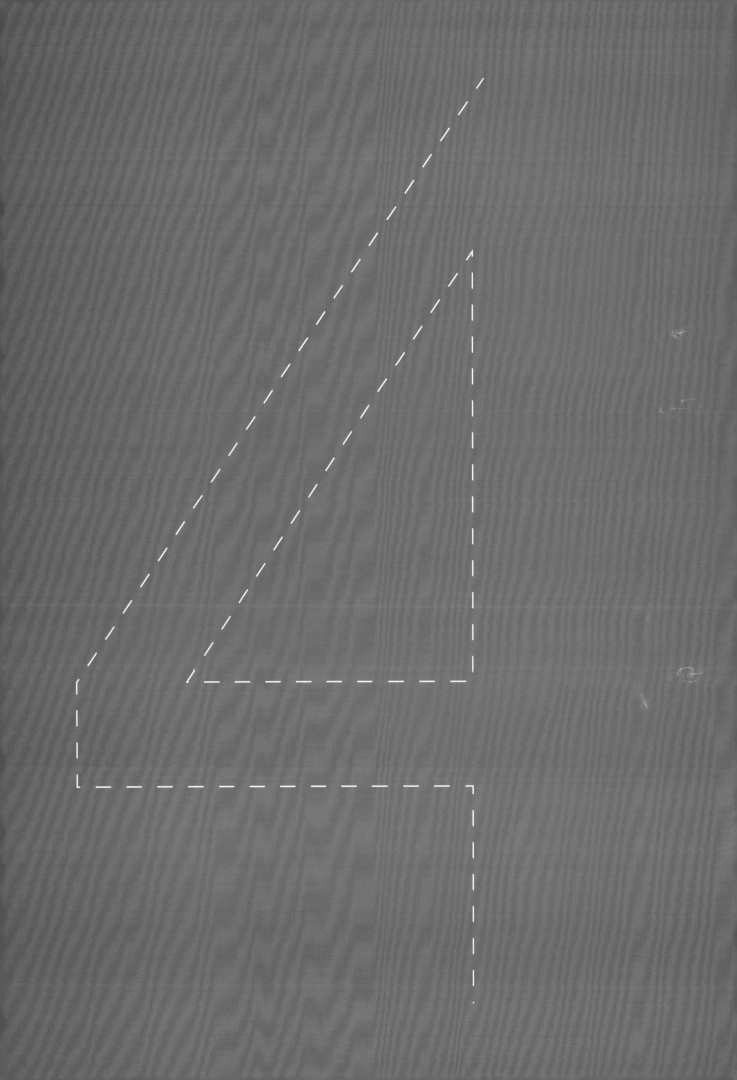

第四章 平凡非凡——平凡生活产品中的非凡设计

4.1介绍与概念

背景

生活中每件物品都是被设计过的。有些物品设计得好，有些设计则欠佳；有些设计把材质和技术运用得很巧妙，有些则只能说是浪费；有些设计让人觉得亲近、容易理解，有些则让人难以接近。从水晶灯到铅笔，从飞机到电脑屏幕，从剧院的内部装饰到百货公司的收据，这些无不经过了设计。有些物品能以其本身的特色很自然地吸引我们，甚至引起我们的拥有欲望。比如一双造型奇特而价格昂贵的跑鞋，又比如一辆流线型的跑车。而其他很多物品则因为太过平凡而不被我们重视——尽管我们每天都用到它们。例如从橡皮筋到橡皮擦，再到便利贴、记事本等。尽管这些物品我们一直用着挺顺手，却不会过多关注。然而，很多价格低廉、默默无闻的日常用品真正体现了设计的艺术，值得我们给予欣赏。

我们通常会觉得一些设计大师的作品很漂亮，但这些经常是在画面中显示，而在我们日常的生活中却很少使用。我们日常生活中所使用的 90% 以上的日常生活用品却不知道设计师的名字。但我们无法想象要是没有这些日常物品我们的生活将会怎样，然而，我们又对它们习以为常。只要我们愿意亲近它们，就能开启一个崭新的设计世界。每件物品背后都有一个故事，从其概念的形成到其消亡。

图4.01 UKI HASHI 筷子

　　我们生活中的有些物品，比如筷子（图 4.01），因为使用的历史实在太过悠久，已经无从考证谁设计了第一双筷子，但我们会因为体现于其中的形式与功能的完美平衡、对材质的精巧运用以及对古老文化的表现而对它们赞叹不已。

　　设计师设计的过程，通常经历由作品到产品、商品、用品、废品的过程，而我们生活以及平时设计中，充斥着太多华而不实的作品，无法为大众所使用，究其原因是没有从生活出发，没有了解目标用户的使用需求，设计的东西由于人机、尺度等原因无法生产，或者舒适性等原因生产出来无法使用，空有华而不实的外表；有些设计师经常会展示千奇百怪的灵感来源，而忽视其设计的本源是什么。

　　因此，产品设计师应该重新回到日常生活中，作为设计师或者创作者应该理清自己的位置和设计目的。设计师应该从平凡的生活出发，通过生活观察发现生活中的问题点，通过设计的细节，设计出非凡创意的产品（图 4.02）。

图4.02 地漏设计

概念

　　平凡生活产品中的非凡设计，从某种角度来说是设计的一个本质要求。设计有时候在我们的生活中不是必需品，但是可以让我们的生活变得更加美好。在我们的生活中，由于人们每天都面对着千篇一律的程式化过程，人们的视觉感官由此变得麻木，常常表现出视而不见的漠然态度。"平凡的非凡"则在于努力打破这种程式化的单一状态，但它不是对生活的简单复制和再现，也不是对现有生活方式的彻底颠覆，而是建立在对日常生活的细致观察之下，将人们熟视无睹的日常生活和各种现象加以分解、重构，并将之转化为各类非凡的创意呈现给用户，在方便人们日常生活的同时，带给人们一种意想不到的惊喜。平凡的非凡需要设计师从日常的生活观察出发，发现生活中的问题点，然后通过对产品的细节设计提供解决方案，进而对平凡的生活提出非凡的设计而带给用户一种情理之中、意料之外的感受，例如图4.03中伞把手的细节处理。

　　平凡的非凡设计这一看似新奇的设计理念其实并不新奇，而是实实在在地长期存在于我们的日常生活之中。提出这一理念，希望设计能够回归本源，发掘生活的本质，真正改善人造物环境，而不是仅仅停留在一些改变产品外观表面上。著名现代主义设计大师迪特拉姆斯对此曾有过一个贴切的比喻：产品应当像众所周知的英国男管家，平时不张扬，但当你需要他时，他就很得力。庄子讲过一个故事

图4.03 人性化的伞柄设计

大意是最舒服的鞋子就是能让人感觉不到鞋子的存在，或者说是让人很快就忘记了自己穿着鞋子。

平凡的非凡设计简单纯粹，当我们看到它的作品时自然而然会有一种舒服的亲近感。产品就如同人一样，当面对一个浓妆艳抹的女人时，人们多半会给她贴上傲慢、无法亲近的标签；而面对一个素妆的女人时，你会觉得轻松自然，可亲近。过多的修饰和功能的叠加会增加用户心理负担，因此要尽量减少产品给用户带来的挫败感。平凡中的非凡设计作品中看不到"披着华丽外表空壳"的设计，每一件作品都是出于"设计让生活更美好"原则的深度思考，而这些思考的背后，源于对细节的关注，例如图 4.04 Nendo 的旅行箱设计。

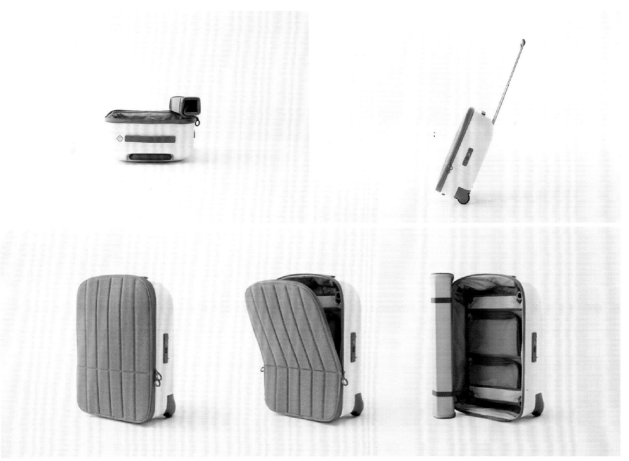

图4.04 Nendo 设计的旅行箱

4.2方法与实践

4.2.1 微设计

微设计理念就是希望以较小的功能改变减轻人们对于产品使用的负担。微设计理念强调以细微的思考方式与着眼点准确改良物的功能。微设计的可持续性源于其对环境资源的控制性利用。即利用最少的开发成本并在最小的范围内实现对产品有效的改良。微设计并不要求具有功能的多样性与外观造型的强烈视觉效果，但力求以最少的设计实现功能的创新与突破。微设计其本质并非针对体量微小的产品进行设计，也不刻意强调避免使用各种技术手段，而是更为准确地找到需要设计的目标并以简练的方式达到较好的设计效果。

高凤麟提出：人之于物微小的改变以求其精，从而创造万物共生平衡之自然状态。物被人感知的程度依据人的内心而不断发生着变化；由物所构成的环境，最终以整体效果知觉作用于人。于是我们要将物与人置于整体环境中思考，并试图找到三者和谐共生的最佳平衡点（图 4.05）。以精微细小方式善待物且改变物，以达到对整体环境最小破坏。

硅胶桌：图 4.06 是一款硅胶桌，和平常生活中桌子的不同之处在于将平常的桌子边缘处加上一条沟壑，这样一点点结构的改变解决了如下几个问题：（1）当桌面上杯子不小心倒了的时候，水不会流到地板上；（2）便于桌面垃圾的清扫处理；（3）可以作为一个把手放置雨伞等；（4）由于是硅胶材料，因此不小心碰到桌角不会受伤。

碗：图 4.07 是一款碗的结构设计。它解决的问题在于：平时我们生活中用碗吃饭时，经常会有些残留食品因不方便取而导致浪费，设计师基于这一问题点，从碗的边缘设计开始，将其一小部分设

图4.05 微设计

计成硅胶材料,这样勺子就可以轻易的攫取剩余的食物,达到节约资源的目的,养成良好的生活习惯。真正达到了产品结构小改变,带来生活方式大改变。因此,我们在遇到生活中的问题时,可以从现有生活产品的结构入手,通过设计师的创意为现有的产品提出结构的改良方案,进而改善人们的生活。

洗衣粉袋: 图 4.08 是一款洗衣粉袋。我们平常生活中在倒洗衣粉时,经常控制不好洗衣粉的量,但也不愿意去找一个洗衣粉勺。通过洗衣粉袋包装的设计,在撕开洗衣粉袋时,正好撕出一个小勺,可以控制洗衣粉的量,通过结构的设计,将洗衣粉勺和袋完整地结合在一起,方便了我们的生活。

快递单: 生活中,我们经常会遇到如下的烦恼:当取到快递时,会将快递单及包装盒一起扔到垃圾箱里,这时由于收件人的个人信息仍然在包装盒上,因此个人隐私信息会被不法分子得到。此设计师通过一个结构的小改变,在个人信息单上做了切线处理,当收件人收到信息后,可以沿着切线将个人信息栏撕掉,这样通过一个结构的改变就很好地实现了防止个人信息泄露的目的。

图4.06 硅胶桌（左上）/ 图4.07 碗（右上）/ 图4.08 洗衣粉袋（左下）/ 图4.09 快递单（右下）

4.2.2 感性的量化

感性工学是感性与工学相结合的技术，主要通过分析人的感性来设计产品，依据人的喜好来制造产品。在国际交流中日本学者以 Kansei Engineering 命名。作为一个特定的用语，感性工学的感性是一个动态的过程，它随时代、时尚、潮流、个体时时发生变化，似乎难于把握，更难以量化。但作为基本的感知过程通过现代技术则是完全可以测定、量化和分析的，其规律也是可以掌握的。

生活中太多感性的要素，导致我们的生活没有规律，时常处于一种混沌的、非逻辑的状态，带来了生活上的不便利。比如说：平时做菜放盐有时候放多了，有时候放少了，无法量化，导致我们每次做饭的口味都不一样。中国式的饭菜讲究多样性，形成了多种菜系，但也面临着标准化的困扰，因为每家饭馆的口味都不一样。为了形成统一的形象和养成健康的饮食习惯，将操作过程中的一些要素量化是有必要的，并更容易进行文化推广。

大米包装：图 4.10 是一款大米的包装设计。我们生活中自己做饭也会出现每顿饭不是水放多了就是放少了，这款设计解决了以上问题。我们在包装袋上加上水位线作为参考，这样就很好地控制住了水量，让每个人都能做出可口的米饭。

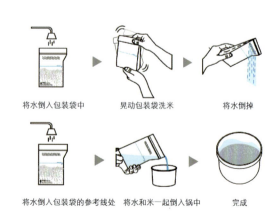

图4.10 米袋

感性工学为设计界提供了一种在产品质量和功能都相当的情况下提升竞争优势的设计方法。几十年来，经过学术界和企业界的共同研究与通力合作，感性工学已经发展成一项完整、系统的设计方法并渗透到各产业领域，并研发出了一系列成功的产品。

洗衣块： 图 4.11 是一款洗衣块的设计。平时我们在洗衣服时经常会无法准确地衡量衣服与洗衣粉用量的关系，导致要么洗衣粉放多了，要么放少了，难以找到一个合适的量。

此款洗衣块的设计，可以很好地解决这个问题，按照洗衣服的数量，可以放入一定数量的洗衣块，这种将感性地放洗衣粉的过程量化，就很好地解决了洗衣服时遇到的烦恼。同时，这也是一个可持续的解决方案，减少了平时由于过度使用洗衣粉而对水、环境等造成的不必要负担。

感性的量化设计方法可用于对我们平时混乱无序的生活现象提出量化的解决方案，很好地解决生活中许多问题。

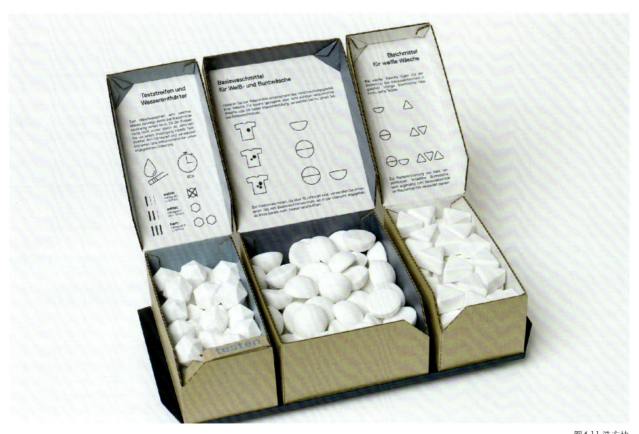

图4.11 洗衣块

4.2.3 功能的整合

功能的整合表示将生活中的 2 个或者多个产品功能，基于更加方便生活、环保、友好的原则，整合成一个产品，给生活带来非凡的创意，节约资源，便于生活。此设计方法以用户的行为为依据，将用户行为过程中的 2 个或多个功能相近的产品以便于生活、节约资源为目的而进行的设计整合活动。

三合一洗衣机：图 4.12 是一个脸盆和洗衣机结合的案例。我们平时在洗手时会有许多干净的水直接流入下水道而造成了资源的浪费，若将洗手的水合理地回收，并入洗衣机储存起来，等洗衣服时二次利用，这样将两个产品通过节水的方式结合起来可改善人们的生活方式，提升环保意识。

功能的整合设计方式不是简单功能叠加，而是通过巧妙的设计，实现 1+1>2 的目的。

图4.12 三合一洗衣机

筷子：图 4.13 是一款筷子的设计。筷子是我们东方人生活中主要的饮食器具。使用筷子时，通常配有筷子托架，以防止筷子夹取食品部位直接接触到桌子带来卫生问题。然而，在低成本的餐馆或者快餐店使用的一次性筷子通常没有筷子托架。图 4.13 的设计通过将筷子和托架"二合一"结合在一起，轻轻一掰可将其分离开。简单的设计带来健康生活。

乒乓球＋拍：图 4.14 是一款乒乓球＋拍整合的产品。如何收纳保管乒乓球是我们遇到的一个问题。此设计中，球拍把手的末端由舒适、弹性的橡胶材质组成。这样，乒乓球就可以收纳到球拍把手末端，并轻松被挤出。这款设计不但解决了乒乓球不容易收纳保存的问题，同时，在打乒乓球时，很容易找到球，此球也可以作为备用球使用。

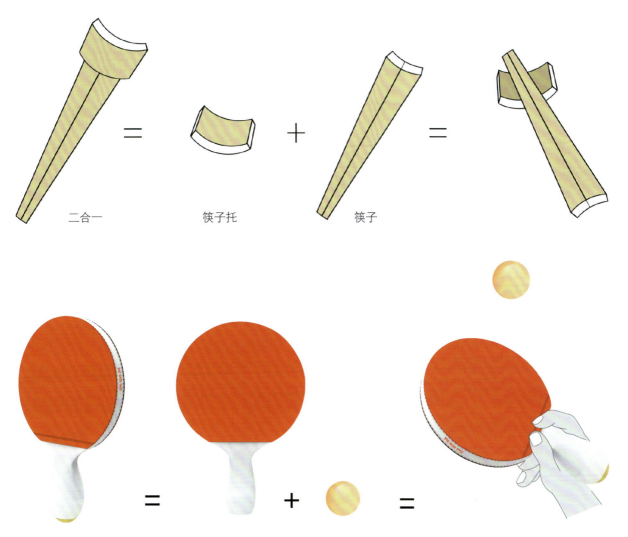

二合一　　筷子托　　筷子

图4.13 筷子（上）／图4.14 乒乓球+拍（下）

4.2.4 模块化设计

模块化设计，是将产品的某些要素组合在一起，构成一个具有特定功能的子系统，将这个子系统作为通用性的模块与其他产品要素进行多种组合，构成新的系统，产生多种不同功能或相同功能、不同性能的系列产品。模块化设计是绿色设计方法之一，将绿色设计思想与模块化设计方法结合起来，可以同时满足产品的功能属性和环境属性，一方面可以缩短产品研发与制造周期，增加产品系列，提高产品质量，快速应对市场变化；另一方面，可以减少或消除对环境的不利影响，方便重用、升级、维修和产品废弃后的拆卸、回收和处理。

模块化设计是指在对一定范围内的不同功能或相同功能不同性能、不同规格的产品进行功能分析

的基础上，划分并设计出一系列功能模块，通过模块的选择和组合可以构成不同的产品，以满足市场不同需求的设计方法。

模块化设计力求以少量的模块组成尽可能多的产品，并在满足要求的基础上使产品精度高、性能稳定、结构简单、成本低廉，模块间的联系尽可能简单。模块的系列化，其目的在于用有限的产品品种和规格来最大限度又经济合理地满足用户的要求。

模块化交通灯：交通灯通常有不同的型号与尺寸，第一，从生产角度制造需要不同的模具，会造成一定的无形浪费；第二，从设计角度，太多的多样性，不利于形成统一的视觉语言，整个城市视觉识别系统容易造成混乱；第三，从用户角度，用户不容易

图4.15 模块化交通灯

分辨不同的交通信号。在此款设计中,设计师将所有的交通信号灯设计成一个模块,不同的信号灯可以任意组合,即解决了以上三个问题(图4.15)。

模块化设计的三大特征:

(1)相对独立性。可以对模块单独进行设计、制造、调试、修改和存储,这便于由不同的专业化企业分别进行生产。

(2)互换性。模块接口部位的结构、尺寸和参数标准化,容易实现模块间的互换,从而使模块满足更大数量不同产品的需要。

(3)通用性。有利于实现横系列、纵系列产品间的模块的通用,实现跨系列产品间模块的通用。

模块化设计化繁为简,化整为零,通过不同的组合,可以让使用者组合出不同的产品。模块化的产品设计可以在保证标准化、通用性的基础上最大限度地组合出新的可能性,可利于品牌产品 DNA 的形成,进一步节约生产成本,实现可持续发展的目的。

模块化吊灯: 图 4.16 是一款模块化吊灯,通过模块化的组合以适应不同光照区域的需求。在实现此种技术方面,吊灯用铝合金的组件代替了传统的电线来导电。因此,仅仅通过灯与灯模块间的链接即可实现导电。此灯具充分利用发光二极管具有低电压的特性,人们可以随意地触摸灯具。基于该技术,这款灯可以在不需要电线的情况下自由地改变其形态及光照区域。

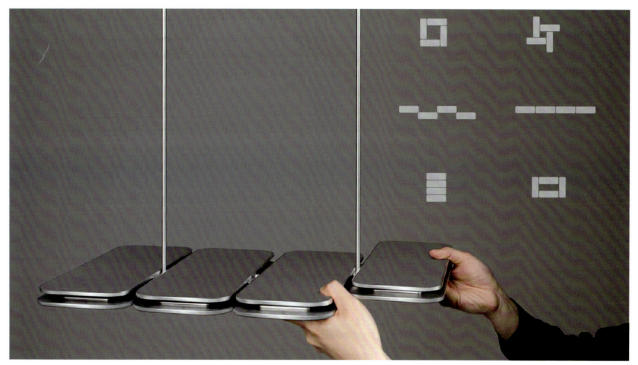

图4.16 模块化灯

4.2.5 无意识设计

无意识设计（Super Normal）是欧洲新简约主义设计的代表人物杰斯帕·莫里森和日本著名设计师深泽直人共同倡导的设计理念，这一理念伴随着2006年分别在伦敦和东京举办的同名设计展而逐渐广为人知，"Super Normal"，意为"平常至极"，展览所选展品为日常生活中习以为常的用品。两位设计师均认为，产品并非越能引起人们的关注越好，而是应该发现日常生活中平凡朴素的美。

在弗洛伊德的精神分析理论中，人的精神意识一般被分为意识、前意识、无意识3个层次。其中弗洛伊德提到的无意识，是指那些在通常情况下根本不会进入意识层面的东西。作为人类最深层的心理现象，虽然很少为人们所注意和认识，但是在人类日常生活中却占据着重要的地位。无意识几乎影响到人类社会发展的各个领域。在现代社会，产品的选择众多，但是人们在产品选择中依旧常常会意识到自己还有其他需要，然而却不清楚自己到底需要什么，即处于在通常情况下不会进入其意识层面的所谓的无意识状态。对此，深泽直人首次提出了"无意识设计"的概念，将无意识的行动转化为可见之物，即在产品的设计中，将那些尚不被人意识到的想法、观念等从其内心深处挖掘出来，嵌入到合适的产品操作行为中，从而让人感觉到产品的设计回归本源，同时消除了产品许多不必要的装饰和多余的功能，实现了更为完美的产品体验。

"无意识设计"并不是一种全新的设计，而是关注一些别人没有意识到的细节，把这些细节放大，注入到原有的产品中，这种改变有时比创造一种新的产品更伟大。

"无意识"并不是真的没有意识去参与，而是我们知道自己需要某些东西，但还没意识到自己到底想要什么，而无意识设计关注的正是我们所忽略的有关"无意识"的种种生活细节。当人、物与环境达到完美和谐的时候，我们说这种行为就达到了一种无意识的有价值的行为。

4.17 椅子设计（左）/ 4.18 充电托盘（右）

无意识设计针对消费者而言，他们已经适应了当下的生活方式，已经将目前的问题点或者生活不方便的事物很自然地融合到生活中去了，已觉察不到有什么不便之处。相当于，在汽车出现之前，没人会感觉需要一个汽车，而需要一批跑得更快的马。

无意识设计针对设计师而言，他们经过长期的设计训练，有普通消费者所没有的敏锐的设计观察能力，能够通过对消费者的观察可发现其生活中的问题点，将消费者无意识的行为或问题，通过设计师有意识的设计行为改良后巧妙地将人们日常生活变得更生动。

椅子设计：图 4.17 是一款椅子的设计。平时我们坐椅子的时候会有将手搭在椅靠背的习惯，而通常我们的椅子靠背边缘让胳膊搭上会有不舒服的感受。此设计正是关注了人们这个无意识的行为，将椅子的靠背设计成一个侧曲面，正好方便将胳膊搭上去，还可以放置书和咖啡。这位设计师有意识的观察解决了人们生活中无意识的问题。

充电托盘：图 4.18 是一款充电托盘，通常情况下人们充电时会遇到这样的尴尬：充电线由于不够长，而充电插台位置太高不方便完成充电的行为，此设计师在充电插台上加了一个托盘，很好地解决了生活中的这类问题。

伞把手：图 4.19 是 Nendo 设计的一款伞把手。解决了用户在使用完伞后的收纳问题，nendo 将伞的把手设计成一个树杈的形态。这个伞的把手不仅在使用时用于手握，当不使用时，它可以自己立于地面上，也可以挂在桌子上，同时还可以稳固地立于墙角。

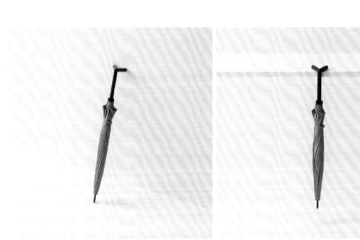

图4.19 Nendo设计的伞把手

4.2.6 情感化设计

　　唐纳德诺曼将情感化设计分为本能水平的设计、行为水平的设计和反思水平的设计三种。本能水平的情感反应与产品给予人的第一感受直接相连。通常会通过产品的形态、色彩、材料肌理、声效等方面表现。行为水平的设计主要讲究的就是效用。优秀的行为水平设计具有三个方面的要求：功能性、易用性、人机性。反思水平的设计注重的是信息、文化及产品对于使用者来说的意义。它是产品本身引起使用者的情感共鸣，是一些深层次的意识活动所带来的乐趣。需要指出的是这三个层面并不是绝对独立的，三者经常相互交叉。在本章节中，主要考虑将平凡的生活中加入趣味性的元素，变得非凡而引起人们的注意。

　　Pull-pull：图 4.20 是为发展中国家的公用厕所而设计的厕所辅助产品。在一些贫穷落后的国家，往往很多人共用一个厕所，甚至男女共用，导致很多人由于害羞而不去厕所，从而产生了一系列的生理和心理问题。这个设计可以给人更多的个人隐私。在使用时，只需要拉一下拉手，这个产品将会给你创造出独立厕所的感觉。多人可以同时使用一个大型的开放式厕所。通过趣味性的一个拉帘式设计概念，解决了用户生活中的个人隐私问题。该设计的创新点在于产品给用户带来了情感层面的共鸣。

　　口香糖包装：图 4.21 是一款口香糖的包装设计。作者设计了一个有趣和互动的包装来说明产品保护牙齿的主要目的。 口香糖像珍珠般洁白的牙齿通过

图4.20 Pull-pull

嘴形的包装显示出来。吸塑包装的设计，使口香糖看起来像一组明亮的牙齿，以达到让消费者了解到通过口香糖可实现清洁口腔。本产品通过产品的造型及色彩可以带给用户直接的情感体验。这种方式符合本能层面的设计。

音乐阅读笔：图 4.22 是一款音乐阅读笔。没有专业音乐知识的人很难阅读音乐类书籍。音乐阅读笔是一款专门为此类人设计的电子笔。当用笔扫描书时可以转化成音乐，然后将信息通过蓝牙传输到电脑上。有了音乐阅读笔的帮助，每个人都能够轻松的阅读、学习和享受音乐。

此设计从用户行为的层面上做了一定的研究，当用户将笔和音乐书产生交互时，音乐笔可以将文字转化成音乐，设计师利用科技的手段将技术门槛降低，给用户带来情感体验。

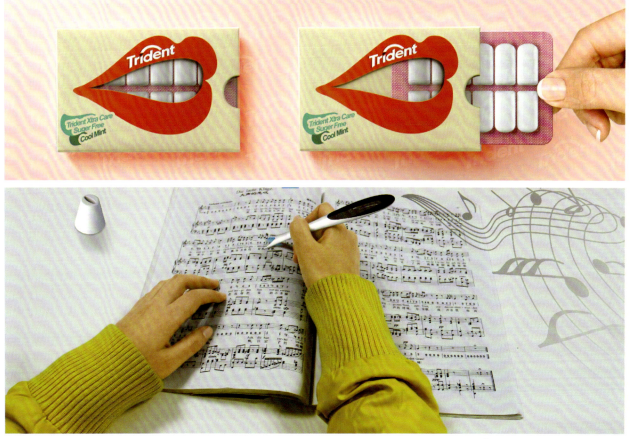

图4.21 口香糖包装（上）/ 图4.22 音乐阅读笔（下）

铅笔填充娃娃：在日常生活中，铅笔和填充娃娃是儿童在学习和生活中所必不可少的物品，但是削铅笔后的废料浪费了一定的资源。图 4.23 设计作品将削铅笔和填充娃娃的过程结合起来，利用削铅笔时的粉末填充娃娃。让小朋友体验将无用的废弃材料转化成有用的玩具的过程。通过削铅笔的过程，娃娃将会越来越大，提醒小朋友珍惜资源与善待环境，注重人、物、环境之间的和睦相处。

该设计中，从本能层面，首先能看出是一个废物再利用的玩偶；行为层面，随着铅笔屑的填充，让小朋友体验变废为宝的过程；而在反思层面，让小朋友在做的过程中反思人、物、环境之间的关系。该设计从本能层、行为层、反思层均能体现出是一个优秀的产品概念。

香烟过滤嘴：全世界目前有 13 亿的吸烟者。吸烟是导致心脏病、严重肺部感染和癌症等非传染性疾病的基本因素之一，这些疾病约占全球死亡率的60%。香烟和烟草被称为死亡的第二原因。每年有许多人死于二手烟。设计师想提醒吸烟者每根烟的危险，以及他们对他们的生活和其他人的生活的影响，提出了一个想法，一个简单的设计，可以打动每个人。

图 4.24 香烟过滤嘴看起来像任何其他常规过滤嘴，但当你开始吸烟，每一个过滤嘴顶部将会出现一个阴影区域（如心脏，肺等被吸烟影响的器官）。它看起来很简单，但该设计的创新点在于提示吸烟者，吸完烟后将会对其及周边朋友身体造成的危害。

本设计从本能层面，此香烟与其他的香烟无异；但是在行为层面，当用户吸烟时，过滤嘴的顶部给吸烟者一定的视觉反馈，让其在反思层面反思吸烟对身体造成的危害，达到减少吸烟的目的。

4.23 铅笔填充娃娃（左）/ 4.24 香烟过滤嘴（右）

私房钱鞋垫 (图 4.25)：从古至今，从东方到西方，对男士或女士来说，私房钱都是一个暧昧、有趣而又很少在公共场合公开讨论的话题。本设计中，将一款普通的鞋垫赋予私房钱的特定文化内涵，与人们内心深处柔软的情感产生共鸣。简单的结构设计，赋予产品深刻的文化内涵。将私房钱或者银行卡放入鞋垫内，你还担心会被另一半发现吗？

此设计简单实用。在本能层面：当用户第一眼看到本设计时，"私房钱"能够让用户很容易联想到其功能性，并在情感和文化层面能让用户联想到有趣的个人隐私，与用户内心产生共鸣。

爱的魔方：当前，我国有大量农村留守儿童。有些儿童由于得不到父母、亲人的关爱，而导致了一系列的生理、心理方面的问题。如何通过设计建构一个留守儿童和父母沟通的桥梁，这逐渐演变成为一个社会问题。

解决方案："爱的魔方"（图 4.26）是一款专为留守儿童设计的情感化魔方。通过 3D 打印技术，将自己家庭成员的照片（爷爷、奶奶、爸爸、妈妈、哥哥、姐姐）和魔方的六个面结合起来。当孩子们玩"爱的魔方"时，这不只是一个魔方游戏，也体验了对家庭成员的思念，与他们之间的一种交互，进而带给孩子们情感化体验。因此，这款产品不仅可以开发孩子们智力，也可加深对亲人的记忆。

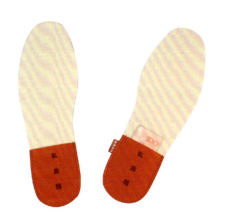

图4.25 私房钱鞋垫（左）/ 图4.26 爱的魔方（右）

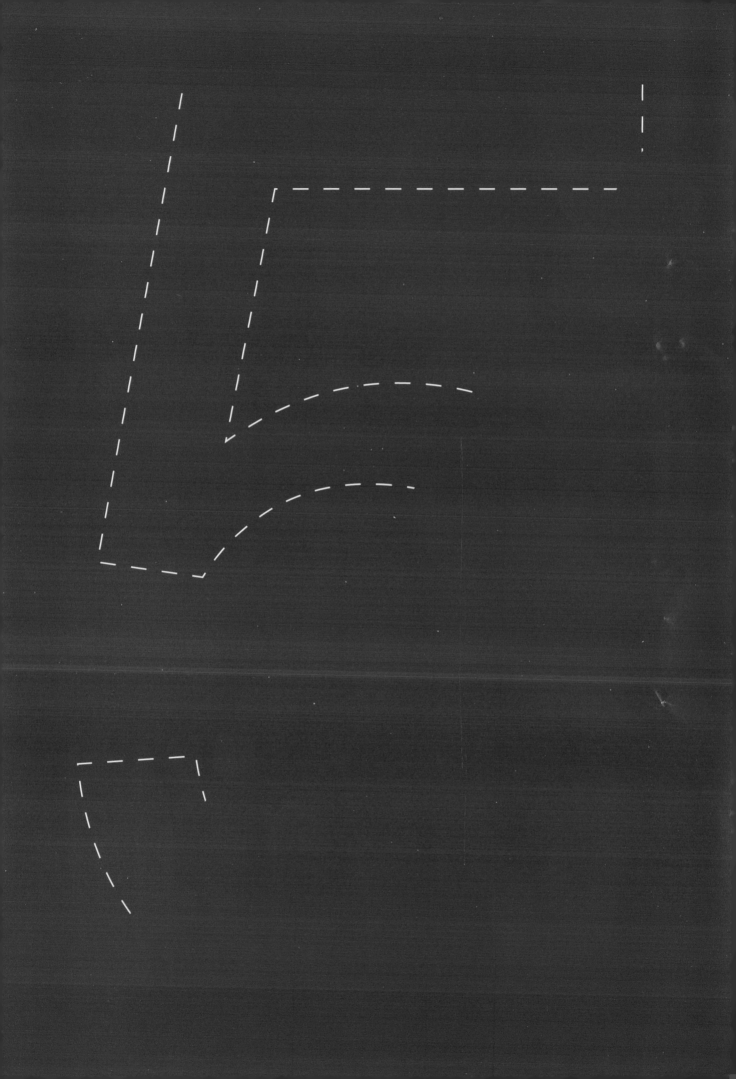

第五章 旅行记忆
——旅游纪念品设计

5.1介绍与概念

背景与现状

随着旅游业的发展，旅游的文化色彩越来越浓，游客对文化含量高的旅游资源和产品越发青睐，希望通过旅游活动能增长知识，陶冶情操。各地在旅游开发过程中也非常重视对旅游文化因素的挖掘，文化旅游产品相继被推出。旅游业的竞争，最终是文化的竞争，这已普遍得到业界的认同。

旅游商品是随着旅游业的发展应运而生的，其生存所依赖的是旅游客源所形成的消费力。发展旅游商品不仅体现为对经济的推动作用，更重要的是，能否最大限度地吸引旅游者购物是一个国家旅游业发展程度的重要标志。

世界旅游业较发达国家的成功经验表明，当一个地区的住、行、游等基础设施已趋于完善后，旅游业需要通过突出发展旅游购物来获取更大的经济效益。在世界旅游业持续发展的强劲势头下，中国旅游业也得到了长足发展，但旅游购物却滞后于旅游业的发展。旅游纪念品作为旅游商品的主体，在旅游商品市场中占有相当重要的地位，纪念品供给的不足会影响到旅游业的整体收入水平。因此，开发旅游纪念品对于增加中国旅游商品的销售收入，提高中国旅游业经济效益，促进中国旅游业从数量型向质量型转变等方面都具有积极意义。

在中国的旅游纪念品市场中，充斥着各种各样的民间手工艺品，对于传统手工艺的保护与发展起到了一定的推动作用。由于传统民间手工艺长期以来得不到足够的重视，正面临失传与消失的窘境，旅游纪念品市场的红火，为传统民间手工艺品开辟了新的发展途径。

意义

旅游产业是资源消耗低、综合效益好的产业。而旅游纪念品设计开发可优化旅游市场，减少过度同质化的"旅游垃圾产品"，提升旅游市场层次。

通过旅游纪念品设计完善旅游纪念品市场是实施扩大内需的有效途径。党的十八大报告提出要牢牢把握扩大内需这一战略基点，加快建立扩大消费需求长效机制，扩大国内市场规模。旅游纪念品具有无限市场空间，加快发展旅游纪念品设计开发是扩大内需最好的途径之一。

旅游纪念品的设计研究可以有效解决旅游产品同质化的现状，提升旅游纪念品的质量和地区旅游

图5.01 上海城市风貌

业的竞争力；可以浓缩地域文化，给旅游者带来旅行的记忆，提升地域文化特色。

旅游纪念品：顾名思义即是游客在旅游过程中购买的精巧便携、富有地域特色和民族特色的工艺品礼品以及让人铭记于心的纪念品。有人比喻旅游纪念品是一个城市的名片，而典雅华丽的优秀名片有极高的收藏与鉴赏价值。图 5.02 "上海微风" 扇子就是从图 5.01 上海城市风貌中提取的设计元素。

分类方法

旅游纪念品隶属于旅游商品，旅游商品的种类有多种分法。

刘敦荣将旅游商品分为三大类：旅游纪念品、旅游用品、旅游消耗品。

石美玉将旅游购物商品分为四类：旅游纪念品、旅游日用消费品、旅游专用品及其他商品。

高爱民将旅游商品分为：旅游日用品、旅游食品、土特产品、文物古玩、传统工艺品及旅游纪念品。

以上是专家根据旅游纪念品的类别进行的分类，编者还可以从产业角度将其分类为：

传统旅游纪念品。即已经形成的深入人心的旅游纪念品。此类商品和旅游地区的名片无异，比如北京烤鸭、西安的兵马俑复制品等。

已产业化旅游纪念品。即已经生产的，市面上有销售但没有被作为旅游纪念品看待或销售。此类商品多数为旅游地区或全国居民日常使用的产品，有着当地特色的文化，有独特的纪念意义。同时，此类商品也有只在本地销售的特点。比如当地特色明信片、北京的瓷罐酸奶、上海的蜂花檀香皂等。

未产业化旅游纪念品。即全新的旅游纪念品，此类商品种类繁多，形态各异，但多为 "小作坊" 制作，缺乏完整产业链。比如个性影像旅游纪念品，上海民国时期广告宣传画等。

图5.02 "城市上海微风" 扇子

5.2方法与实践

人类的一切活动都可以归结为文化活动，人类的活动也都是文化的符号化。现在存在着的事物，都与文化有着千丝万缕的关系，体现着特定的文化内涵。旅游纪念品首先要体现当地的地域文化特色。文化符号的提取主要取自以下几种方式：

5.2.1 从自然中提取

任何自然存在也都会影响到地域文化，与地域文化的内涵息息相关，也成为了地域文化符号的一种载体。所以，地域自然景观在一定程度上也是地域文化符号的代表。像桂林的山水已经是桂林文化的一种极具代表性的特征。还有内蒙古的草原风光，宁夏大漠风光等都是自然界形态，但也都体现了一定的地域特色文化。所以，在旅游纪念品设计中，完全可以借鉴和仿生自然物体形态，将这种地域文化符号融入到旅游纪念品创新设计中去，传达地域文化。

图 5.03 是一款毛毡杯垫，灵感来自于自然的图形，将大自然中的植物花鸟元素提取出来，用激光切割的方式制作成桌上的杯垫，既简约现代又与民间剪纸有些相似。大自然中有用之不竭的灵感要素，将独特地域的自然要素提取出来运用于产品设计中，可作为旅游纪念品。

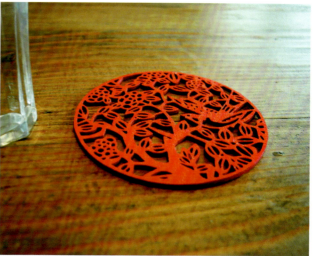

图5.03 毛毡杯垫

5.2.2 从建筑中提取

建筑雕塑主要包括有代表性的历史建筑，以及那些为了满足旅游需求在旅游城市大力兴建的具有地域特色的大型景观。它的建设与存在是为了迎合需求，打造地方特色。如上海的东方明珠、北京水立方、鸟巢、国家歌剧院、青岛五四广场等，他们都非常具有代表性，能够代表地方特色。在旅游纪念品设计中，这些人工造物形态也可以作为地域文化符号进行设计，将他们融入到旅游纪念品创新设计中，成为一种地域文化的代表和传达。

如图 5.04 所示为不莱梅"城市音乐家"旅游纪念品。"城市音乐家"雕塑是不莱梅小镇的著名标志。来自著名童话故事《不莱梅的音乐家》的四位主人公们被以最吸引人的姿态雕塑出来。他们从上至下分别是公鸡、猫、狗和驴。很多游客为了寻求幸运，都会抚摸驴的鼻子和前腿，这可以让游客和雕塑产生互动。同时，以四个动物为切入点，通过对四个动物的抽象造型，开发了针对城市雕塑的各类旅游纪念品，如衬衫、小装饰品等，丰富了当地的旅游纪念品市场。

图5.04 不莱梅"城市音乐家"雕塑及旅游纪念品

5.2.3 从历史中提取

中华文明历史悠久，而这些历史文化又存在于历史古迹中，所以从历史文化古迹中也能体现出地域文化。如各大历史博物馆就是历史文化展览馆，这些历史文物体现着地域特定的符号特征，如南京中山陵，藏族地区建筑中的牦牛角造型等，都是地域特色文化的代表符号。这些符号是纪念品创新设计中不可忽略的部分，能在追求创新的同时保留传统文化。旅游纪念品体现地域特色才是纪念品发展的根本之路。

图 5.05 中，根据藏族建筑中的元素提取而设计的手提包、书立、置梳架旅游纪念品给当地的旅游纪念品市场增添了新的活力。

5.2.4 从民俗中提取

不同的地域会有不同的民俗节日、戏剧类型、民间工艺等，这更多的是精神层面地域文化，像傣族泼水节、壮族三月三歌节、蒙古族摔跤比赛等，这都是非常具有地域特色的生活方式和精神文化，在对旅游纪念品设计创新时，可以通过将这些抽象的艺术形态提取符号，展现丰富多彩的风土民情。

如图 5.06 中，设计师将传统人物的线条提取而成的系列现代旅游纪念品，既有鲜明的地域民俗风情，又不失现代气息。

图5.05 藏族元素建筑（左下）及手提包、书立、置梳架（上）/ 图5.06 人物元素旅游纪念品（右下）

5.2.5 文化层面设计

现代产品一般给人传递两种信息，一种是知识即理性信息，如通常提到的产品的功能、材料、工艺等，是产品存在的基础；另一种是感性信息，如产品的造型、色彩、使用方式等，其更多地与产品的形态生成有关（图 5.07）。因此，对旅游纪念品设计中文化元素的应用不应该只局限于表层的装饰符号化的运用，应该经过一系列的系统设计方法提炼，使其发挥更深层次的作用。

根据荷兰学者冯•特洛比纳的说法，文化结构可以分为三个层次，即外表层、中间层和深层。

外表层，是把直观的视觉元素应用于旅游纪念品的外观造型上，人可以通过视觉、触觉等直观的感觉，获得对所提取的文化元素的直接体验；

中间层，是将旅游纪念品的功能与所提取的文化元素有机结合；

深层，则是将旅游纪念品的语意、文化与所提取的文化元素融合在一起。

下面将对三个层次进行详细的解释与说明。

图5.07 中国文化意境的尺子

外表层次文化元素的应用方法

直接装饰法： 传统的装饰概念是，装者，藏也；饰者，物既成而加以文彩也。文化元素在旅游纪念品设计中的直接应用，不是简单的堆砌和照搬，而是将其重新依附在一个产品载体中，为其重新设定一种视觉语言环境，继续发挥原有的图形信息。此种方法是目前应用最多最广的一种方法。因为可以用旅游地特有的文化元素来直接做装饰的旅游纪念品种类繁多。直接装饰法的设计关键在于怎样把文化元素图案用现代的材质来表达，达到现代与传统的完美结合。针对于不同的材质载体采用不同的工艺来表达，如在金属材质上可以采用雕刻工艺，布料材质上可以采用刺绣和压花工艺等。如图 5.08 中将自然的元素符号直接装饰在了相框中。

变形归纳法： 在旅游纪念品设计中，仅仅直接采用文化图形元素是不够的，有时还需要在充分理解文化的基础上延其意传其神，将原有的形态元素进行变形和归纳。

简化： 简化即对文化元素中的纹样或者实际事物形态进行删繁就简，如果不对图形元素加以简化，会使纪念品的主题无法突出，显得繁杂，装饰效果不强。简化法是一切装饰手法的基础，它使形象更加提纯概括，更加典型简洁。选取好看的，舍去不必要不完美的才能做到突出旅游地文化特色的目的，令游客记忆犹新。图 5.09 中，将传统的炮楼形态提取成一个简约而大小不一的烛台，把烛台反过来放置，又是一个插花的装饰品。

图5.08 自然元素直接装饰在产品中（左）/ 图5.09 变形归纳建筑元素成烛台（右）

　　夸张：也是设计艺术创作的基础手法，在旅游纪念品设计中夸张法是将某文化元素的形态特征夸大强调，使其形态更美，特征更突出。夸张是在原有形态元素的基础上的夸张，是对其进行适度的夸大和强调，以赋予造型更强的生命力、感染力，从而达到生动传神、装饰效果较强的目的。

　　图 5.10 所示设计是将自然中树根的元素首先用简化的方式提取出主要的设计元素，然后运用夸张的手法，结合其功能性、稳定性、美观性等设计而成的一个有艺术感的桌几。

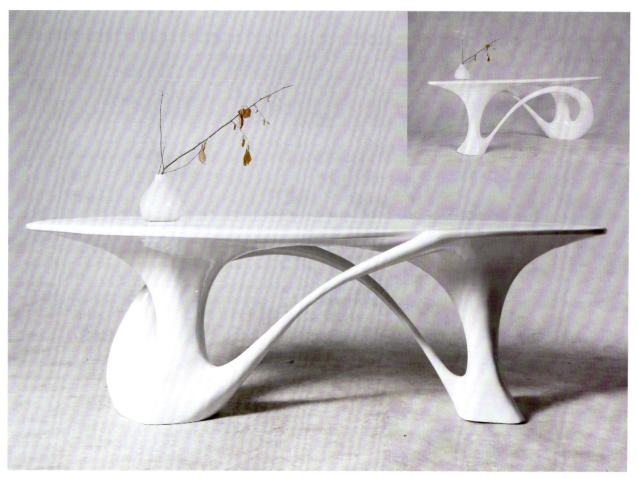

图5.10 自然桌几

中间层次文化元素的应用方法

中国的艺术讲情，讲趣。讲喜、怒、哀、乐之情，讲远、近、虚、实之趣。情趣是指情感中较为积极的一面，就如同一个人具有幽默和谐的性格。清末梁启超曾专论"趣味是生活的原动力，趣味丧失，生活便成了无意义"。因此，中间层次文化元素的应用方法为情趣体验法，当今流行产品的情趣化设计，即是通过产品的设计来表现某种特定的情趣，使产品富有情感色彩，或者高雅含蓄，或者天真浪漫，或者幽默滑稽，或者纯朴自然。把旅游地特定的文化元素同旅游纪念品的构成要素联系起来，用现代化手段将两者的联系表达出来可以产生无尽的趣味。游客在使用这些旅游纪念品的过程中可以体验其设计的巧妙，也能感受到该地文化元素的价值所在，能给人以生动的情趣体验。

在图 5.11 坐凳设计中利用正负形的设计手法，其正形为凳子的主结构，而负形为人形，增加了产品的情趣。而图 5.12 阿莱西设计的开瓶器，利用了拟人化的处理方式，将开酒瓶的过程设计成像一个少女翩翩起舞，增加了产品的趣味性。

图5.11 正负形凳子（左）/ 图5.12 开瓶器（右）

深层次文化元素的应用方法

从作品的深层次感悟中，观者往往结合自身的经验和背景，从中提取出特定的情感、文化感受、仪式风俗等叙述性深层含义，表现出一种自然、历史、文化的记忆性脉络。于设计作品而言，设计师要创造意境，必须着眼于作品具有启发和引导欣赏者进行丰富的想象和联想的力量。优秀的旅游纪念品设计是应该富有意境的，而这意境又是具有隐喻设计存在的必然，产品设计需要探求意境的存在、意境的表现及反映感觉所应达到的表现形式。台北故宫博物院与阿莱西合作的满清家族系列产品（图5.13）产品正是对深层次中国文化的挖掘而赋予特定文化情感的纪念品。

图5.13 "满清家族"系列产品

第六章 无用设计
——废旧生活产品再设计

6.1介绍与概念

　　可持续性是当前全球重要的议题之一，设计界也不例外，开始有愈来愈多人认识到了设计泛滥的现状，用完即丢的消费习惯也受到挑战，提倡可持续性设计，成了设计界当前重要的热点之一。

　　可持续性原则强调的是设计的永续性和良知性。可持续发展的设计要求产品的物质材料具有循环性，即产品的物质材料可作为生态循环圈的一部分，要易于拆卸、回收和再利用。这种可持续性设计原则可保障生态平衡，减少环境污染，保护了生态环境的健康有序的发展。无用设计理念正好可以将可持续性原则很好地体现在产品设计中。

　　当下很多设计机构对无用设计进行了很多有意义的尝试，并将其用于商业用途产生商业价值，或举办各类展览（图6.01），提倡人们遵循节约、环保的生活方式。

图6.01 无用设计

概念

无用设计亦即 Useless Design，其含义就是将废弃的产品、制造过程产生的多余废料、过时不用的东西等通过设计，在符合环保原则的情况下通过生产制造甚至手工制作，转化出物件的第二次生命；提倡使用更少材料的环保意识，强调设计要能创造出可持续性价值。

无用设计所探索的是设计师如何为自己、社会，或为世界创造价值，无论它是社会的、文化的、感情的、功能的、商业的，或智慧的价值。它探讨设计师在全球化社会里扮演的角色，即他们如何通过设计为人们做出贡献，同时还能维持平衡持久的环境。他强调那些看似无用的想法可以转换成有趣的、设计过的、富含想象力的设计或者产品（图 6.02），而设计本身变成一个有趣且有意义的过程。

图6.02 玻璃瓶为载体制作的玩具

6.2方法与实践

近几年来,国际国内越来越多的设计师以无用设计为切入点进行设计,而且这种设计理念得到了消费者的认可,并愿意去购买无用设计作品。例如:工作并生活于上海的瑞士设计师尤纳斯将上海老旧产品再设计成了现代生活用品,并形成一个品牌特色。因此,一些看似"无用"的想法,完全可以转化为"有用"的设计而服务于社会。而对于不少设计师来说,设计真正重要的作用并不仅仅是满足人们的需要,更多的意义还在于设计本身能够创造出各种价值。

21 世纪的设计师的任务不再是过去单纯设计一件产品或一幅海报那么简单。他们所承担的除了具体的作品设计之外,设计师对于环境可持续的责任比他人重大得多,他们不但要成为可持续理念的倡导者,更要成为此理念的身体力行的实践者。尽管目前可持续设计很多还仅仅停留在信息传达的层面,尤其在国内充斥着炫耀奢侈品的环境下,多数还没有真正做到"无用、环保"的设计作品被所有用户接纳的程度,但我们必须看到,这类信息的传递是可持续设计得以建立和发展的必要前提。随着国内用户生活、文化认知水平的提高,环保理念深入人心,人人将可动手实践制作无用设计作品(图 6.03)。

图6.03 废旧瓦片的座椅再设计

方法与实践

生活中充满了太多无用废旧的产品，使用过的旧产品同样富有一定的生命意义，如何将废旧的产品赋予新的功能、新的价值，是目前产品设计师比较热衷的方向，因为旧产品新设计不但赋予了新的使用生命、文化价值，同时也有加强教育的意义，鼓励人们提倡节约环保的生态理念。目前，主要的设计方法包括元素再组合、再利用材料、转换功能、传承情感等方式赋予废旧用品新的价值。

无用设计理念的设计方法就是设计者避开废弃产品原有的核心因素的影响或者是转变产品原有的核心竞争力，通过原有产品的元素再组合、再利用材料、功能转换和情感传承，使具有更广阔的弹性和伸缩性，产生新的价值的设计方法。

6.2.1 元素再组合

所谓无用设计的元素再组合是指设计者打破废弃产品原有的核心结构，通过或破坏或组合或构筑的方式变通其结构的设计方法。

无用设计理念特征的提出是通过举例论证，并通过作品来阐释的。图 6.04 是一款新马灯，将传统马灯结构保留，组合葫芦罩与灯泡，产生一件新作品。图 6.05 是一款座椅，设计师将生活中用过的油漆桶、毛刷以及羊毛垫重新整理组合，设计出一款坐具油漆桶作为座椅，毛刷作靠背，羊毛作垫，塑造一种废墟中的时尚感受。用从运动场退役下来的废旧篮球与传统蓝印花布的结合制作而成的篮球帽（图 6.06），在不同材质的冲突中，从功能的层面产生共鸣，新的篮球帽还有遮雨功能，增加生活中的趣味性。

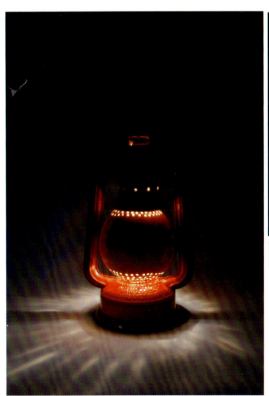

图6.04 新马灯（左）／ 图6.05 座椅（右上）／ 图6.06 篮球帽（右下）

风扇回收设计（图 6.07） "宜居产品"是一个家庭设计项目（www.livableproducts.org），可以在世界各地制造此产品。减少浪费和创造就业岗位是该设计的核心价值观。

此设计理念是将废旧的材料通过再设计，元素重新组合，置于新的环境中，新旧材料产生视觉冲突，进而给人带来既环保又时尚的体验。

此产品通过与当地人的合作，给他们机会展示他们的传统技能。目标是为社会创造一个可持续的就业机会，支持他们的生活。同时，设计师给当地人灌输环境保护理念。这成为了一个新的产业，真正能够将废旧的材料通过转化成为新的产品，即赋予产品第二次生命。

图6.07 风扇回收设计

瓷、竹组合

　　这是一个用竹来修复瓷器的重组和再生设计。

　　瓷器通常是人们日常中使用的生活用品或收藏欣赏的艺术品。但是瓷器容易碎，一旦产生裂缝就既不可用，也不可回收。相反，竹子是一种广泛用于生产各种生活用品的原材料，具有韧性和耐久性。

　　用传统的竹编技术将两种材料结合起来，这样破碎的瓷器瓶就可以修补、改造成新的用品。通过这个过程创建的每一个物品将是独一无二的（图6.08）。

图6.08 瓷、竹组合

物质极大的丰富，使得生活中以飞快的速度产生太多的垃圾废物，将废旧的材料再设计成有价值的产品，以保证材料的可持续性，可避免环境污染。图 6.09 中作者将生活中的白色垃圾——塑料袋通过再设计制成一盏吊灯，引起用户对环保的思考。而"本土创造"设计师将建筑废料水泥这种材料运用于生活产品中（图 6.10），温馨的生活产品与冰冷的水泥材质产生感官对比，给用户强烈的视觉冲击力。

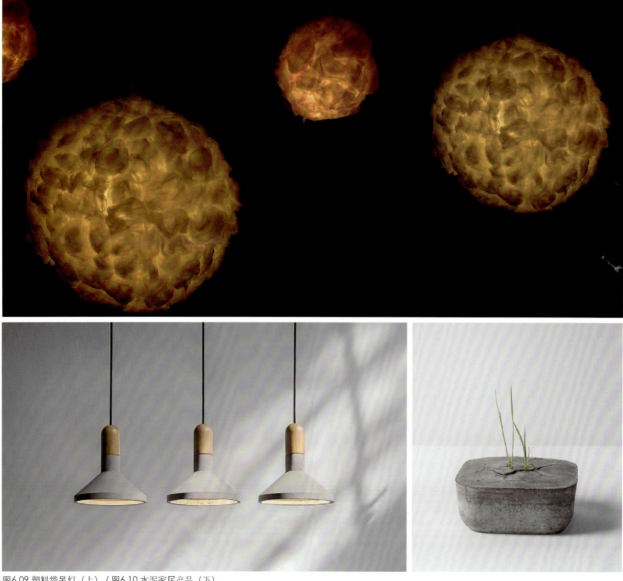

图6.09 塑料袋吊灯（上）／图6.10 水泥家居产品（下）

所谓无用设计理念的材料再利用是指设计者避开废弃产品原有材料的影响，打破该产品的既定设计材料的惯性思维，或是通过重组废弃产品的材料得到全新的设计素材的设计方法。材料的再利用一是打破常规，改变普遍意义的使用材料进行设计，二是通过回收材料的重新加工达到再利用之目的。

▶ 砌砖计划（容器）

城市拆迁经常会产生大量的建筑垃圾，窍门设计事务所将建筑废料通过切削打磨成有品质感的容器（图 6.11）。设计完成的容器既保留了原始的材料质感，又赋予了新的产品功能。这样通过材料的再设计利用，达到既有现实使用价值，又增强了人们的环保意识。

纸的设计再生产：彩色人字拖（图 6.12）

对全球环境的社会责任作为设计师的使命和职责体现在了这个设计中。此设计师一直在推动"捐赠纸并免费获得彩色人字拖的活动"。"彩色人字拖"的设计不仅包括了造型和风格，而且对设计过程中如何解决环境和社会问题的方向和方法进行了探索。例如，通过三维打印回收和再利用而大大地降低了纸的浪费。设计师重新考虑了设计初衷，在造型和风格现代设计基础上，寻求有益于环境与人的设计。

图6.11 砌砖容器（左）/ 图6.12 彩色人字拖（右）

鱼网再设计（图 6.13）是面对菲律宾班塔延岛渔民随意丢弃鱼网而导致的日益增长的环境问题而进行的设计。

回收的鱼网用于生产地毯纱，同时让个体渔民和当地社区成员通过收集废旧鱼网赚外快的方式来提供原材料。将海水中的鱼网回收不仅保护了当地的海洋生物，同时也成了社区的收入来源之一。

2012 在菲律宾班塔延岛开始试点并获得成功。鱼网收集项目已准备在当地和全球展开。目前，三分之一的收集地区在菲律宾北部，还有一个收集中心目前设立在喀麦隆湖地区，用于在淡水捕鱼区创建一个类似的项目。

将废旧的渔网材料回收再利用，不但保护了环境，为当地人创造了就业机会，同时再设计生产的地毯销售实现了经济价值。

图6.13 鱼网再设计

废纸板的再设计 生活中会产生很多的废纸板。设计师将废纸板回收，然后磨碎成纸末，与胶水搅拌混合后做成块状再打磨细节，最后成为桌几的底部（图6.14）。通过废旧材料的再设计利用，将该材料转变成其他产品的原材料，避免了材料的浪费。

图6.14 废纸板再设计

6.2.3 功能的转换

所谓无用设计理念的功能转换就是设计者转变产品原有的核心功能，通过设计使废弃产品转变了原有的用法，使素材在设计应用中具有更强灵活性的设计方法。功能转换是将废旧的产品通过再设计，将原来的功能转化为另一个功能，但是两者之间有内在的联系性。

"烟酒一家"烟灰缸 如图 6.15，它是一个白酒瓶。作者在设计时，考虑如何将生活中废弃的小酒瓶赋予第二次生命，因此在体量相近的情况下，作者联想到了烟灰缸。通过机械切割的手法，挖个圆孔，转化为一个烟灰缸，正好契合了烟酒一家的理念。因此赋予其名"烟酒一家"烟灰缸。

"和"烛台 如图 6.16，这是一个"上海和酒"酒瓶，在本次设计中，作者考虑到如何将废旧酒瓶再设计，这和上一款烟灰缸属于一个系列，使用同样的机械切割手法，在酒瓶上切出一个洞，然后将蜡烛放入内部，可作为遮风避雨的烛台，置于室外的咖啡吧台，为环境增添了气氛，别有一番风味。

图6.15 "烟酒一家"烟灰缸

图6.16 "和"烛台

Transglass 系列 这是设计师 Tord 和同为设计师的 Emma 夫妇携手合作的设计作品。此系列产品纯净简洁得让人无法相信全都是用回收的旧啤酒瓶经过设计师的艺术加工、雕饰而成的艺术品。

这些废旧的瓶子，经过艺术家们这一化腐朽为神奇的一笔，面貌变得焕然一新。Transglass 系列为纽约现代艺术博物馆 MoMA 永久收藏品。其将传统手工技艺与现代高水平设计融为一体，将一块废旧无用的玻璃瓶通过再设计转化功能后，转变成花器、水杯、桌面装饰品等。由于 Transglass 系列产品采用废弃的玻璃瓶进行艺术化设计制作，每一款的颜色和造型都独一无二。购买时，随机出货，颜色无法挑选（图 6.17）。

钟表 这是云南农家的一件杂物盘（图 6.18），在设计中，作者考虑如何通过设计留住时间的记忆，因此将其和代表时间的钟表结合起来，两者在情感上找到了契合点，代表着过去、现在和将来。

图6.17 TranSglass系列创意玻璃产品（左）/ 图6.18 钟表（右）

6.2.4 情感的传承

生活的器具，使用久了，产品本身可散发出一种文化与历史的气息，通过设计师将废旧的产品再设计后，将旧产品赋予新的功能。用户在使用产品时，除了使用功能外，同时可将过去情感传承，在使用产品时回忆起产品过去的日常点滴，生活充满情趣。

上海旧产品再造系列产品

图 6.19 是瑞士设计师尤纳斯设计的饼干盒台灯。60 后，70 后和 80 后对上海的老饼干盒有着特殊的情感，是儿时的记忆。设计师将废旧的老饼干盒回收，将其与灯具结合，同时结合触控技术，在功能上赋予其现代感。基于再设计上海老旧产品，再传承过去的情感这一主题，尤纳斯设计了系列产品（图 6.20）。

图6.19 饼干盒台灯（上）/ 图6.20 上海旧产品再造系列产品（下）

FREITAG

FREITAG 是一家专门将卡车使用过的废旧防水布设计成时尚包袋的品牌。类似从青蛙转世成王子或灰姑娘升级成白雪公主。由于废旧的防水布品质仍然非常坚固，此品牌将废旧的防水材料设计成包袋不但具有实用功能，也让用户了解材料背后的故事，给用户带来了时尚环保的生活理念。将卡车防水布设计成包袋由 6 步组成：

(1) 收集原材料；(2) 切割防水布；(3) 清洗防水布；
(4) 包袋设计；(5) 缝纫；(6) 展厅展示（图 6.21）。

图6.21 FREITAG

图 6.22 是将一把伞的各要素零件拆分，通过再设计转变成生活中的其他趣味性产品，并赋予了产品新的功能。无用设计所主张的不仅是生活中废旧产品的再设计（变废为宝），更是一种生活理念，生活主张，一种对生活的热爱和对日常器物生命延续的尊重。

无用设计不是针对设计师群体，应该涉及到我们生活中的每个人，每个人都可以是生活的设计师，利用无用设计的方法，遵从环保可持续的方法，通过双手将我们的日常生活中废旧的或过时不用的物品，通过重新设计，使其焕发出第二次生命，从而使得我们生活得更加趣味、环保、温暖。

设计师通过上述设计方法，灵活运用再组合元素、再利用材料、功能转换、情感传承相辅相成，融会贯通"无用设计"理念和方法，可以得到令人惊艳的无用设计作品。无用设计理念的产生是社会发展与人类认识水平提高的产物，具有环保性、可持续性和手工艺性的特征。充分认识与掌握无用设计理念，不仅仅为设计带来商业价值，更多的是一种绿色消费观和价值观体现。在资源环境健康发展大趋势下，无用设计的可持续设计观会更加深入人心。在"以人为本"的设计时代，何为有用、何为无用是设计师要明确认识的问题，无用至有用的转换与表达是设计师的根本责任，值得去思索与践行。

图6.22 一把伞的再设计

第七章 服务设计
——基于服务的
生活产品设计

7.1介绍与方法

背景

从产品到服务的理念转变：单纯以有形的商品逻辑进行竞争的年代已经过去，有形的产品不再是企业发展唯一的关键问题，服务同样重要。企业要为顾客创造价值，有形的产品不过是价值的一种载体而已。各种产业，包括制造业都在从制造为中心，转向服务为中心，最终都是以人为中心。例如，当下游客普遍对旅游服务及纪念品不满，原因之一就是缺乏服务、缺乏体验。设计师不应该仅仅是设计有形产品，而是乘客在进行旅行之前到旅行之后整个过程当中全流程的设计，以及这其中更多的是看不到的设计，包括人的认知、行为、体验、交互、服务、系统等所组成的生态系统。

服务无处不在。我们通过多种形式为他人提供服务或被他人服务。服务设计源自于生活，通过服务规划、系统设计来提升服务易用性、有效性、满意度和忠诚度，向用户提供更好的体验，为服务提供者和服务接受者创造共赢。在服务经济时代，全球制造业呈现逐步服务化的趋势，制造企业越来越多地依赖于服务并将其作为重要竞争手段。在美国 GAFA 工业互联网联盟、德国工业 4.0、中国制造 2025 计划、互联网＋新型业态下，设计行业也从工业设计，交互设计，到服务设计转变。因为单一的工业产品设计已经不能满足当下消费者的需求，他们需要的是通过物质的产品或非物质的服务为载体，进行全方位的使用及参与体验，带来愉悦的情感。

首先将设计与服务两词结合的应属 Shostack, G. Lynn 于 1984 年在哈佛企业评论发表的论文，而服务设计一词则在 1991 年出现于 Bill Hollins 夫妇的设计管理学著作之中。教育领域，德国科隆国际设计学院是第一所于 1991 年开设服务设计课程教育的学校，另意大利米兰著名的多莫斯设计学院，米兰理工亦吸纳服务设计为其设计教育的一环。实务领域，在英国 2001 年成立了第一所 Line/Work 的服务设计公司，而 2002 年美国知名的国际设计公司 IDEO 则将服务设计纳入公司业务，组成横跨产品、服务与空间三大领域的体验设计公司。

伴随着信息技术进一步发展的服务设计正在改变着个体的生活、工作方式以及个体所在组织的运营、管理方式。从亚马逊、淘宝、领英，再到今天微信、嘀嘀打车、摩拜单车等的经验，使得越来越多服务组织认识到，我们的服务需要更好地被设计。

概念

关于服务设计的定义，英国设计协会将其定义为：Service design is all about making the service you deliver useful, useable, efficient, effective and desirable. —UK Design Council, 2010

服务设计是关于为人提供的有用、可用、有效率和被需要的服务而进行的设计活动。

2008 年国际设计研究协会给服务设计下了定义,即服务设计从用户的角度来讲,服务必须是有用、可用以及好用的;从服务提供者来讲,服务必须是有效、高效以及与众不同的。市场由"产品是利润来源"、"服务是为销售产品"向今天的"产品(包括物质产品和非物质产品)是提供服务的平台"、"服务是获取利润的主要来源"进行转变。人与产品(服务)之间不再是冰冷的、无情感的使用与被使用的关系,取而代之的是更加和谐与自然的情感关系,人们对体验的需求逐渐增强。从设计的目的来看,服务设计可以分为商业服务设计和公共服务设计,前者偏向于为商业应用提供设计策划,后者偏向于为社会公共服务提供设计策略。

同时,服务设计是涉及信息技术、管理学、设计学、心理学、社会学及市场学等学科的交叉研究领域,是系统的解决方案,包括服务模式、服务工学、产品平台和交互界面等的一体化设计。

2009 年,Birgit Mager 教授对服务设计有如下概括: Service Design aims to ensure service interfaces are useful, usable and desirable from the client's point of view and effective, efficient and distinctive from the supplier's point of view。

服务设计的目的是从客户的角度确保服务交互可用、有用及可取,及从服务提供者角度确保服务是有效的、高效的、独特的。Mager 教授提到了进行服务设计不仅要从客户角度去考虑,还要从服务提供者的角度思考。

服务设计网络将其界定为: 服务设计是一种为了提升服务提供者与顾客的品质及互动而进行的活动策划、人员组织、基础配件、沟通等服务。

Staffer (2007) 由系统观予以界定,他认为服务设计犹如系统设计,其聚焦于整体使用系统的脉络。

Moritz (2005) 则以设计角度阐释服务设计,系指全面体验服务的设计,以及通过设计程序与策略提供服务。

Hollins 等人 (2008) 则指出服务设计可以是有形或无形的,其可能涉及人造物或其他事物,包括沟通、环境与行为等。

服务设计是一种设计思维方式,为人与人一起创造与改善服务体验。这些体验随着时间的推移发生在不同接触点上。服务设计的关键是"用户为先 + 追踪体验流程 + 涉及所有接触点 + 致力于打造完美的用户体验"。服务设计作为以实践为主导的行业常致力于为终端用户提供全局性的服务系统和流程。

相关知识点

服务接触点：接触点为组合服务整体体验的有形物或互动。从企业角度则认为接触点是公司与顾客两者间关系的每一次互动；由品牌而论则是品牌出现在公共场合以及产生客户体验的各式各样连结点。可见接触点是与客户关系的生命周期之所有沟通、互动与连结的综合体验点。接触点是互动的每一个点，可能是内部与外部的，或可视不可视的。

接触点的种类繁多，综合而言可包括：口语传播、交互式语音应答系统、沟通的印刷品、对象、物理环境（商店、接待区、医院等）、顾客服务（呼叫中心、客户代表、接待员等）、商店、通讯及邮件、运输、电子邮件、伙伴、网络、手机、广告、标志、销售点等。

基于不同的目标群体，接触点在公司与市场可区分为销售、传统大众媒体、间接沟通与一对一沟通四类。若以沟通的向度区隔，则可分为单向的静接触点，例如销售、呼叫中心、服务等；多向的互动接触点，例如微信、电子邮件等。但就体验之角度而论，则又可区分为购买前体验接触点、购买中体验接触点、购买后体验接触点。

这些接触点基本上是环境、物件、程序与人的组合。环境是服务发生的地方，可能是物理地点，如商店，或数字或无形的地点如电话或网站；物件意指对象在服务设计互动所使用的，如餐厅的菜单、机场的柜台等；程序包括服务如何展开，如何预订、创造与传递。程序可以是简单且短的，也可能很复杂；人是服务最重要的部分，因人而使服务变活，在服务设计中有两类人被设计即顾客与服务者。

服务设计是一系统化的设计，涉及服务系统、服务程序、服务带与服务瞬间，而服务接触点则是

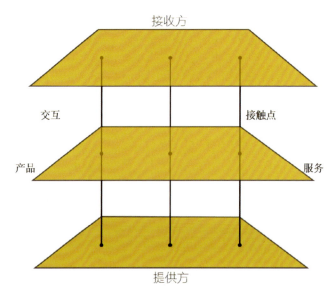

产品交互与服务接触点的相关性

图7.01 产品交互与服务接触点的相关性

在服务瞬间的关键时刻，可见接触点是整体服务系统的核心，若能掌握各部分接触点也就能控制整个服务系统，因此接触点是服务设计的起源也是重点。而服务接触点的分析，除着重在"服务中"，亦应考虑"服务前"与"服务后"所有可能接触点，以构成服务流程之横轴，并以人、物、程序及环境四大项作为接触点分析。服务接触点分析后则应依接触点之特性予以规划可能产生之设计项目，以进行整体服务设计。

产品交互与服务接触点的相关性：如图 7.01 所示，产品设计和服务设计既有共同性，又有差异性。无论我们从事产品设计还是服务设计，都会涉及提供方、内容（产品或服务）、接收方三个层面，提供方输送给接收方的产品是通过交互体验过程体现出来，而服务是通过服务接触点体现出来，一个是物质有形的，一个是非物质无形的。因此我们无论在设计产品还是服务时，对用户研究、设计流程方面也是有相关性的。

产品服务系统的分类：如图 7.02 所示，产品服务系统可分为纯粹的产品设计、产品导向的设计、使用导向的设计、结果导向的设计和纯粹的服务设计。这五个部分由第一项的 100% 产品，到第五项的 100% 服务，从左到右服务的比重依次递增，产品的比重依次递减。以代步出行为例：

A 类产品为导向的设计：在本类别中产品的比重大于服务的比重，顾客可能需要去 4S 店购买一辆车作为自己的代步工具，顾客首先考虑的是产品的品质，然后是 4S 店的服务。

B 类使用为导向的设计：在本类别中产品的比重与服务的比重同样重要，为了达到出行的目的，顾客可能需要去租车公司租一辆车代步，产品的品质以及服务的质量均影响了顾客的心态。

C 类结果为导向的设计：在本类别中服务比重大于产品比重，为了达到出行目的，顾客使用滴滴打车软件打一辆车代步即可，服务质量是主要影响因素，顾客购买的就是一种服务，而产品的影响因素相对较小。

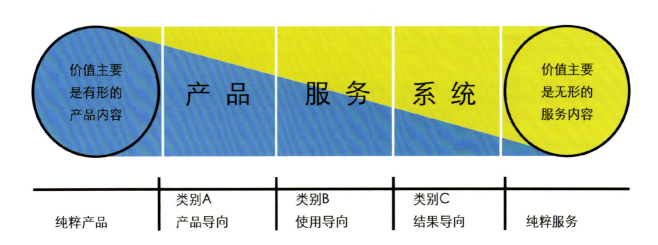

图7.02 产品服务系统的分类

服务品质评测管理（图 7.03）

服务设计根据服务接触点的数量，分为很多不同的服务模块，设计师完成服务模块的设计后，会假设一个期望的顾客满意度曲线，然后邀请顾客进行满意度测试。最后，顾客实际的体验曲线和期望的曲线会有一定偏差。我们称为负不一致点、负结合点、正不一致点、正结合点。其中，负不一致点和正不一致点是和假设的满意度有差距的意外情形，负结合点和正结合点是和假设一致的情形。

消费者的负一致性和负不一致性是无法接受的体验，需要修正；

消费者的负不一致因素是产品服务系统设计战略中需要解决的事项中最核心的一项（图 7.04）。

服务设计方法：

设计流程是一个非线性的过程，但还是可以描绘出一个概略架构，这是一个不断反复执行的过程。

在此，介绍 AT-ONE 设计方法模型。

AT-ONE 是一种能在服务设计流程早期对团队成员有帮助的方法，聚焦于产品与服务的差异性，也能帮助设计师深入了解使用者的体验。

AT-ONE 流程以一连串小组讨论的模式进行，每项讨论以英文字母 A，T，O，N，E 称之。其中每一个字母，分别与服务设计流程中的潜在创新来源有关。AT-ONE 中的这些字母所代表的讨论内容，可以为独立的内容，也可以相互连结在一起。参与讨论小组的成员，必须是来自服务提供公司、特定领域的专家，以及具有服务设计者背景的各个利益相关者。设计人员、商业专家或研究人员，可能会觉得对 AT-ONE 运用的一些元素相当熟悉，因为这并不是一个全新的工具，而是整合了最佳商业模式、设计研究的一种工具，是通过以客户为中心的不同元素整合起来，并在设计流程早期加以运用，以发挥其实用性与新颖功能的研究工具。

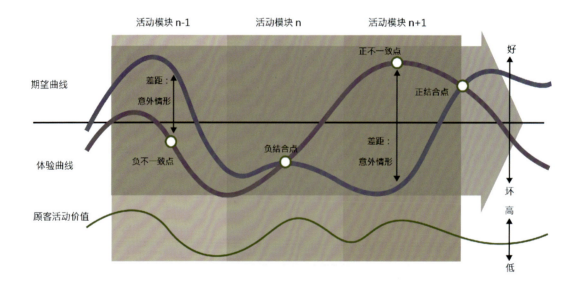

图7.03 服务品质评测管理

A（Actors）价值创造网络的共同参与者

在过去几年中，最大的变化就在于价值创造方式的大幅改变，愈来愈多的价值产生于共同合作的网络（networks of collaboration），而不是再像过去只有专家才能定义价值。因此，我们需要找出合作对象，并与其共同创造出满足消费者的顶级体验，用大家耳熟能详的 iPod 和 iPhone 来说，就可以看出在推出 iTunes 等类似服务时，整合各方参与者资源的重要性（包括付款、促销、内容、管理等），成功整合满足消费者所需的各方合作伙伴，对产品能够如此成功有相当重要贡献。

参与者的概念，来自于近期价值网络的发展，被视为价值链中的新兴角色。价值创造网络在服务领域更为常见，其关键在于重新定义来自各方参与者所扮演的角色以及关系，并从中找出值得发展的潜力，并了解透过新的方式、新的成员，创造新的价值。其深层的策略目标，就是要创造并强化网络的竞争力，创造更适合消费者所要的服务。在这个阶段要探讨的是将使用者视为价值的共同创造者，更重要的是必须将以公司为中心的思维，转变为消费者为中心的想法，来定义出参与者应该有哪些成员，进而思考透过这些不同的成员组成，能如何改善提高顾客价值。

T（Touch points）全盘考量所有的接触点

思考一下您得知银行账户余额有哪些方式。您可到自动取款机上查询，打电话询问银行工作人员，打电话到银行语音系统，从智能手机、电脑上查询，

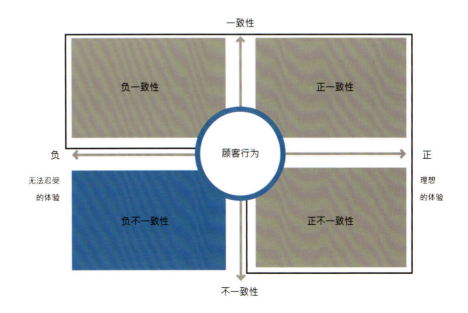

图7.04 期待与体验的关系

也可以查看上一次银行账户明细表。这些可获得账户信息的方式，都是您的银行和顾客之间的接触点。

通过谨慎思考所有的接触点，可以发现相当多创新的点子。例如，通常在一个组织里，不同的接触点会由不同的单位负责。通常我们获得的答案是：组织中不同的单位，专精于不同事物的员工，都拥有不同的说话方式甚至不同的互动风格。所以，探讨不同接触点的负责人员，也许就能找出不少改进的空间。

服务设计的重点，就在于找出与提供服务关联性最大的接触点，并规划出这些不同接触点，如何提供消费者一致性的顶级服务：服务设计也必须寻找是否有创造全新的、更有效的接触点的机会，借此删除那些成效不佳的接触点，并将所有与品牌讯息以及使用者需求相关的接触点，调整为能让消费者获得相同服务体验的模式。接触点革新的重点，在于消费者经历完整服务历程的整体感受，就如同一条绳子，会在最脆弱的地方断裂一般，消费者服务也可能失败在服务中最弱的一环。

O（Offering）服务产品也代表着品牌

服务品牌和产品品牌不同。例如，在选择银行时，即使某家银行有相当特别的财务服务，您会发现从消费者角度来看，它只能提供这些服务给少数人，在这种情况下，银行的服务多样化是相对比较有限的。近几年，服务品牌开始有多元化发展，例如"维珍航空"和"乐购"在同一个品牌下开始提供多样化服务。这两家公司的共通点就是明确定义出公司提供给消费者什么，而他们能给消费者的东西，多半都和实体产品关联性不高。

当品牌和服务紧密连结时，服务创新无疑会在各方面对品牌产生影响，决定您的消费者对服务的认知评价。AT-ONE 聚焦于剖析在功能层面、情感层面以及自我表达层面，带给消费者什么样的感受。在计划书中设计师建立起有助于了解品牌 DNA 的流程模型，然后运用在公司的服务创新上，其中很重要的一部分就在于建立服务的个人特质，将服务以拟人化的方式进行描述。在整理出服务的特质之后，要规划出各个接触点应该如何设计、每个接触点应该有怎么样的互动行为，就变得比较容易了，而这个流程模型也被称之为品牌的播音器。

N（Need）你要如何了解顾客想要什么、需要什么、期望什么？

与顾客访谈的方式逐渐流行起来。几年之前，企业都希望取得消费者对服务看法的量化分析数据，这些数字上的信息当然能提供有价值的数据、漂亮的图表并感觉一切都在企业的掌握之中，但这样的资料只能回答想要知道的问题，而无法挖掘出消费者想要告诉你什么，而这两者之间却可能存在极大的差异性。某种角度来说，在谈到创新的时候，量化资料通常无法提供团队成员真正需要的答案。直接和消费者对话，了解他们心中所想并倾听他们的意见，通常就能发现与传统量化分析结果不同的消费者需求，消费者深层或隐藏起来的需求以及文化趋势，都能从设计师与顾客的对话中获得答案。

在 AT-ONE 流程中的需求（Need）部分，遵循以使用者为中心设计观点，挖掘顾客的真正需求，用不同的人物带出使用者观点，并运用多种使用者中心的方法获得更多信息，像是面谈、观察、参与设计等。需要注意的是：公司应该先聚焦想知道哪些人的需求？公司对消费者的需求了解多少？又能满足他们到什么程度？在这个阶段，设计师必须充分了解并专注于顾客身上，确认所提供的服务是消费者需要的、想要的、期望得到的，这也许是确保服务能获得成功的最佳途径之一。

E（Experiences）让人惊喜且愉悦的体验

"体验"指消费者接受设计师所提供服务时的感受，以及事后保存在消费者记忆中的印象，在AT-ONE 流程中的体验阶段，依靠设计师近期对消费者体验服务的了解来建立。现今西方的消费者对于问题不仅希望获得功能性的解决方案，同时也期望用愉悦的方式来解决日常生活中的难题。苹果电脑超过微软、耐克超越阿迪达斯成为消费者的新宠，星巴克成为人们最常去购买咖啡的商店。原因为何？不只是因为这些公司提供功能性产品，而是这些品牌给用户完美的消费体验与产品使用感受(图 7.05)。

1.
选择最适合您的产品的检视顺序。

2.
针对每一个字母代表的阶段进行分析规划。

3.
选出5个最有希望的想法，得出结论。

4.
每个讨论小组进行概念整合，提出1~5个整体性概念。

5.
向上级提交最终制定的概念。

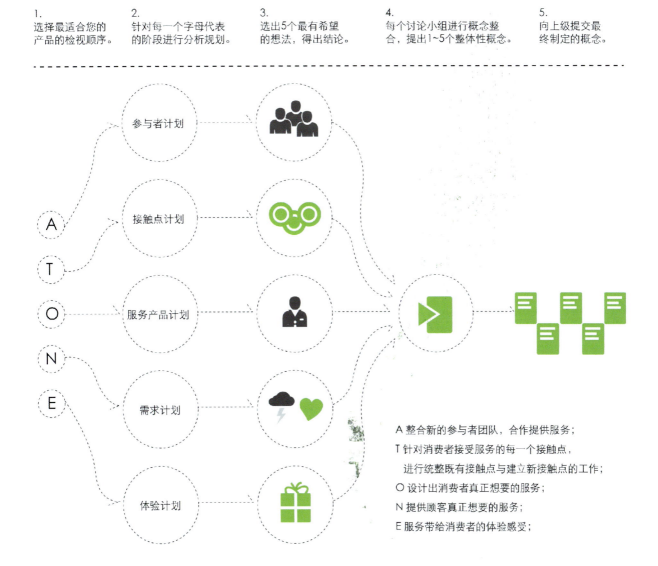

参与者计划

接触点计划

服务产品计划

需求计划

体验计划

A 整合新的参与者团队，合作提供服务；
T 针对消费者接受服务的每一个接触点，
　进行统整既有接触点与建立新接触点的工作；
O 设计出消费者真正想要的服务；
N 提供顾客真正想要的服务；
E 服务带给消费者的体验感受；

图7.05 AT- ONE 方法模型（这就是服务设计思维！）

约瑟夫潘恩与詹姆士吉尔摩（Joseph pine and James Gilmore）将现代社会称之为体验经济时代。今天，功能性与可用性对我们的生活来说是不够的，那只是需求的底线，顾客还希望获得情感层面连结与体验，同时也帮助展现消费者自我认同。

有一些既有工具可以帮助我们将体验作为设计的起点，理想的状况是我们能从一开始就针对服务体验进行设计，然而反过来让产品、接触点以及服务，甚至公司，都能准确地创造出让人期望的体验，可以称之为一种体验的服务导出方法。

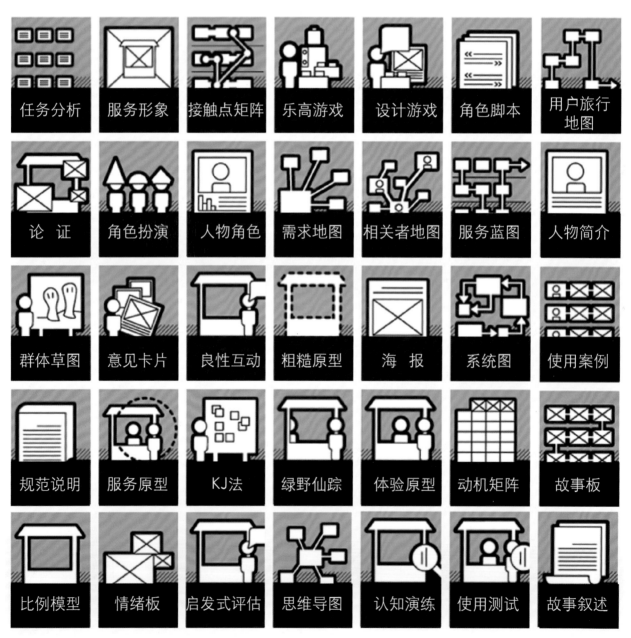

图7.06 服务设计工具（servicedesigntools.org）

服务设计工具（图 7.06）

服务设计主要的工具有很多，其中部分与第一章双钻石设计模型中的方法类似，包括用户旅行地图、情景故事等，在此不再重述。产品设计与服务设计在设计思维及设计目的上具有相似性，也可以运用双钻石设计模型来展开设计。在此补充几个其他的方法工具：日常生活中的一天、角色、故事板、服务原型、服务蓝图。

日常生活中的一天

是什么：日常生活中的一天，是收集特定类型消费者相关的研究资料，借以建立这个特点类型消费者每日活动的描述。

为什么：通过记录"日常生活中的一天"，能观察到消费者服务互动范围之外的生活脉络，对于消费者在某个服务接触点互动之后，产生各种想法与感受的背景原因，能提供大量的信息。只是关心消费者与服务直接接触的状况，无法获得其背景脉络。

怎么做：日常生活中的一天可以通过几种不同的形态呈现。以简单的绘图或连环漫画来记录是一种快捷又简单的方式；而用影像和照片来记录则能对使用者每天所处的环境与日常生活有丰富的描述。不论选择哪种呈现工具，进行日常生活中一天的记录时，必须在可行的状况下尽可能取得更多的洞察资料，其目的就是要对日常生活中每天的状况有完整了解，包括消费者在服务互动过程之外的其他时间里都在想些什么、做些什么。

故事板

是什么：故事板是一连串的描述或图片，描绘出特定事件的过程，其中可能包含服务发生的一般情境，或是针对执行新服务的想象出来的虚拟环境。

为什么："故事板"这个工具，实际上就是运用脚本的形式，将使用者服务体验的故事带进设计流程中，这些故事代表着服务和新服务标准的概念，将人们接触服务的经验简述出来。通过适当的服务情境（就算不是实际存在的虚拟想象情境，还是能运用故事板），针对未来可能的问题与机会，诱导出有意义的分析。因为在建立故事板时，设计者必须从服务使用者的角度出发，这样就更有助于将使用者的观点融入设计过程中。

怎么做：故事板可以通过几种不同方式建构起来，最常见的就是连环画的形式，设计者用一连串的图画陈述要进行检验的故事情节，设计者必须尝试尽量纳入所有的环境细节，让所有看过故事板的人都能快速了解故事板想要陈述的内容。构建故事板的目的是从使用者描述的服务经验中洞察信息，不论是真实或想象的情节，都可以运用在故事板中，也能用过去拍下的一些照片作为对比的图例。

在合作团体或讨论中运用故事板这项工具时，能够针对服务或新服务标准的重要面向，做最真实、直接的传达。通常用短片图示来呈现服务情节的方法，有时会同时出现几种截然不同的结果，这时可再拿给一群设计师或潜在消费者看过之后，让大家一起针对可行与不可行的部分做充分的讨论。

角色

是什么："角色"是一些虚构的人物形象，针对拥有共同兴趣的特定族群，找出足以代表这群人的角色，也就是定义出一种让消费者与设计团队都能够理解的"性格特征"。

为什么：角色这个工具能够提供服务中各种不同的观点，让设计团队能认识可能存在于目标市场中的各种不同族群。有效的角色定义，能够将焦点从抽象的人口统计数字转移到真实消费者的期望和需求。虽然这些角色本身可能是虚拟出来的，但其展现动机与反应，却是真实存在的；定义角色是在专案研究阶段通过将顾客的反应分类之后得来的结果，通过这样的做法，具体呈现出真实世界中大众对于公司服务的感受。

怎么做：建构角色最常见的手法就是将研究洞察整理出来，归类到各个共同兴趣的族群中，进而能够建立可运用的"性格特质"。建立角色的成功关键就在于确保这些特质的正确性，再接着用各种不同的技术——从视觉呈现到详尽地描述档案——将这些性格特质运用在生活中。多数的角色建立都会运用到从利益相关者地图、影子设计、访谈等工具所获得的研究洞察结果中。

服务原型

是什么：服务原型就是模拟的服务经验，可以用非正式的角色扮演形式进行对话，也可以更严谨地邀请使用者参与、运用道具或是真实的服务接触点，建构服务原型。

为什么：通过服务原型，可以针对特定服务有更深入的了解，效果要比文字或视觉的描述来的更好。运用"从做中学"的原则，聚焦于使用者经验，运用服务原型也能找出应该采用哪些解决方案的具体实证。服务原型也有助于改良设计的解决方案，因为服务原型能够快速纳入新的服务想法或服务调整来进行测试。

怎么做：通常在服务系统中会建构起一些实物模型。以不同的气氛与复杂度建立模型，可能出现差异很大的结果，但必须具备一些基本要素，借以测试在真实世界环境中的新服务方案。在获得外界建议并将细节调整后，这些原型就能在多次的改善中建构成形。

服务蓝图法

是什么：服务蓝图是一种准确地描述服务体系的工具，它借助于流程图，通过描述服务提供过程，服务遭遇、员工和顾客的角色以及服务的有形证据来直观地展示服务。经过服务蓝图的描述，不仅服务被合理地分解成服务提供过程的步骤、任务及完成任务的方法。而且，更为重要的是，顾客同企业及服务人员的接触点被识别，从而可以从这些接触点出发来改进服务质量。

为什么：通过描述、摘要服务当中各个重要元素的工作，服务蓝图可理清服务相关的重要项目，同时找出流程中重叠或重复工作的部分。共同建立这样一份文件，有助于提升团队的合作效率，也对服务提供者调整内部人力与资源有所帮助。

怎么做：服务蓝图作为一种可视技术，它由感知与满足顾客需求的一组有序活动组成，图 7.07 描述了服务蓝图的构成，包括顾客行为、前台员工行为、后台员工行为、支持过程以及可视分界线与互动分界线。前台员工行为与顾客行为由一条互动分界线隔开。而可视分界线将前台员工与后台员工隔开，有时在后台员工与支持过程之间由一条内部"互动线"分开。

建立服务蓝图过程可分为 5 个阶段：

（1）识别将要建立服务蓝图的服务过程，明确对象；

（2）识别客户对服务的经历，从客户的角度以流程图的形式展现服务过程；

（3）描述客户与前台服务人员、后台服务人员的接触行为；

（4）将客户行为、服务人员行为与对应的支持功能相连；

（5）把客户行为利用可视化的内容展现出来，包括其看到的、听到的、肢体感受到的以及脑海联想到的内容。

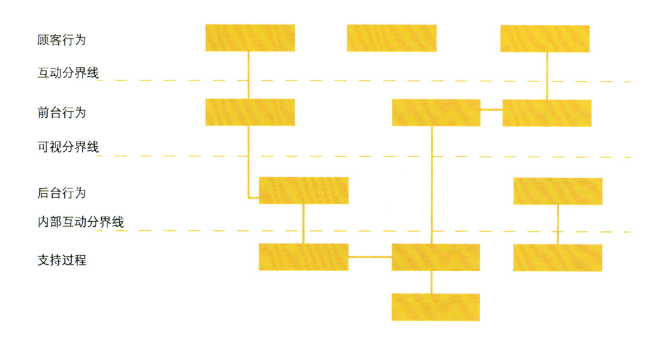

图7.07 服务蓝图的构成

7.2 设计与实践

7.2.1 土布体验

问题描述：传统手工艺面临消失。上海金山土布起源于元代黄道婆棉纺织工艺在上海地区的传播，具有辉煌的历史，目前已列入上海市非物质文化遗产之一。但目前由于其低端的旅游纪念品设计及比较传统的土布销售策略并没有形成可持续发展的产业。有着 500 多年历史的金山土布织造这一传统手工艺正面临消失的危险。

解决方案：提出可持续设计解决方案（图 7.08）。通过用户旅行地图观察发现用户对目前市场上提供销售的土布产品兴趣不大。设计师提出让用户体验土布制作过程，了解传统工艺，自己体验设计产品，达到传承与发展金山土布传统手工艺的目的。

体验方法：

（1）建立土布体验馆。将从棉花到土布制作过程细分为 40 个步骤。采用参与体验与视频观看相结合的方式呈献给用户。

（2）织布体验：从 40 个步骤里总结提取搓碾子、纺线、染线、打筒、织布等 5 个用户可实际体验步骤，让用户通过体验参与制作自己独一无二的布。

（3）设计体验：用户织完布后，可在设计体验店自主设计成桌布、钱包等生活用品。

（4）环保体验：用户可在旧布回收体验馆体验回收旧布再设计。这样，完善了土布的生产—设计—回收—再设计的可持续设计服务体验链。

图7.08 传统土布手工艺体验服务流程

7.2.2 互助社区

问题描述：根据 2015 年《我国农村留守儿童、城乡流动儿童状况报告》中国有农村留守儿童 6102.55 万，占农村儿童 37.7%，占全国儿童 21.88%。留守儿童因为得不到父母的关怀和教育易导致缺乏管教，养成恶习；而城市中，老人的赡养成为城市子女的重大负担。由于子女忙于事务，老人缺乏子女关怀而易产生悲凉心态。

解决方案：建立一个互助服务社区（图 7.09），实现城市老年人与留守孩童双方互助、互补。在离城市不远的山区，建设一所老人与留守儿童互助型社区，社区既是养老院，又兼具寄宿小学的功能。身体健康的老人可以作为老师教孩子知识，同时给予孩子更多的关爱；孩子也学会了照顾老人，双方互助，和谐相处。

公共价值：

老人：山区空气新鲜，远离尘嚣，适合老年人安度晚年；留守儿童与老年人一起生活，老年人更易保持年轻、健康心态；身体健康老年人可担任社区教师职务，让老人分享爱，实现自己价值。

儿童：留守儿童有了社区型的教育，避免因无人监管发生溺亡等事件及恶习；有老年人的照顾，可让留守儿童感受到家的温馨，利于心理健康；得到老人的帮助，教育孩子从小懂得感恩，并主动分享爱给老人。

社会：孩子的教育成才，老年人的行为受到尊重，双方形成良性循环，整个互助社区实现可持续发展；增加当地就业岗位，护理、医疗及节假日的探亲流带动当地服务产业发展。

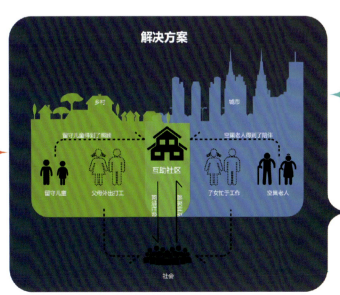

图7.09老人与留守儿童互助型社区

7.2.3 共享工具

问题描述：一个家庭通常很少会配备一个完整的工具箱。因为工具只是偶尔使用，买一套完整的工具浪费钱，同时还会占用家里的空间。但是如果没有工具箱，在家里使用时就会遇到很多麻烦。

解决方案：这是一个工具共享系统（图 7.10），用户可以自由使用工具。这是由共享经济得到的启发。简单的借贷过程使得参与者可以从自动存取货机中获取（和归还）他们需要的工具。

有了共享工具，用户就不需要购买工具了，因为可以自由共享。整个过程非常简单：下载共享工具应用程序，通过应用程序预约想要的工具，收到一个工具预约号码，然后到预约好的自动存取货机使用预约号获取工具。

换言之，有了共享工具应用程序，用户可以从预约栏菜单选择需要的工具，以及他们想提取工具的时间、地点。当用户要归还工具时，过程同样很方便。按自动存取货机上的归还按钮，把工具箱放在返回箱里，完成操作。

共享工具的优点之一是，该工具是被随时监测的。如果一个工具损坏，用户可以轻松地通过应用程序或通过自动存取货机发出反馈意见。人们也可以捐赠工具来替换损坏的工具。

如果用户不知道如何使用某些工具，他们可以扫描工具箱和工具上的标签。这样可链接到相关视频了解如何使用工具。

每一个工具箱均有内置 GPS 芯片，可防止抢劫或丢失。如果工具箱在超出指定区域或租用期限过期，共享工具系统有权跟踪租用工具箱的用户。

7.2.4 药丸包装（一个重新设计、包装和简化的零售服务体验）

问题描述：超过 3000 万美国人每天服用 5 种以上的不同药物。病人在家经常会遇到吃错药或者忘记吃药的情况。

解决方案：遵循以用户为中心原则，设计了一款新药包，彻底改变了人们日常用药方式。此设计在药包上印刷出所需要服用药的名称和时间及药量。

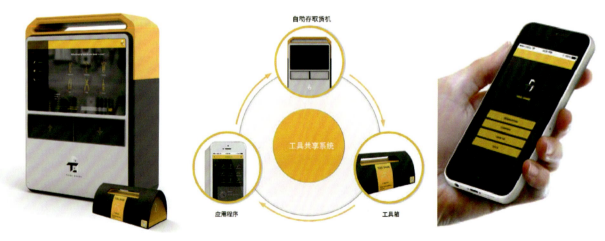

图7.10 共享工具

一卷药包可以使用 2 周时间。撕掉的部分不仅包含了一次的药片，而且一起把时间撕掉了。创新的包装设计包含了现代技术及个性化需求，此设计去掉了每天数药等繁琐的流程，通过简洁的设计，使药物使用更安全（图 7.11）。

多剂量包装并不是最新的概念，但是此设计将这一简单的原理系统化，提供完整的服务来便于消费者理解和管理日常用药。过去的产品可能是从便于生产的角度出发设计成小包装，但是此款设计是从消费者使用的角度出发，关注每个人的生活细节和用户体验，为用户提供个性化的服务。

7.2.5 候鸟计划

问题描述：用服务设计思维去帮助弱势族群进行公益设计，以解决当下社会问题，成为当今很多设计师进行商业设计之余所热衷的设计活动。这样不但可以将设计价值最大化，还可以帮助弱势群体。

解决方案：候鸟计划是台湾设计师王俊隆主持的服务设计公益活动（图 7.12），主要去思考设计怎么带给大众幸福。我们知道候鸟会在九月的时候从北方到南方过冬，候鸟作为一个载体去与南北方不同空间的人群互动。因此，选择了候鸟来进行创作，首先设计师从南到北拜访一些弱势族群，让他们来创作出 1000 只候鸟，最后再把这 1000 只候鸟义卖出去，将所得都再回馈到这些弱势族群上。在两个星期内设计师们拜访乡村地区的小学，请他们在候鸟身上彩绘，画出属于他们自己的梦想。同时，还去了老年社区，让老人们来画他们的梦想。当把 1000 支候鸟绘制完成后通过举办展览将候鸟都义卖出去，而且还请购买这些候鸟的人拍照给设计师们，告诉设计师们候鸟被放在他们家的哪个地方，很多购买者除了拍照，还上传了视频告诉设计师这只候鸟带给他的意义与感动。同时，销售候鸟所得还可以反馈给活动的参与者。

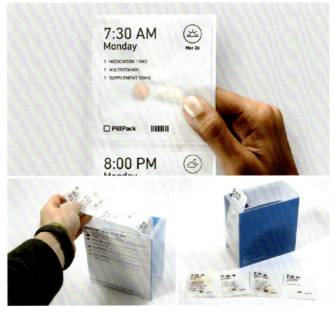
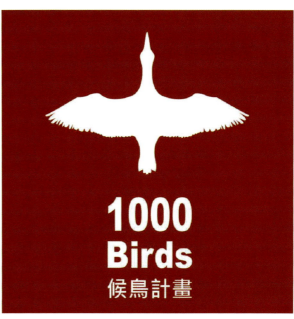

图7.11 药丸包装（左） / 图7.12 候鸟计划（右）

第八章 校企合作——生活产品校企合作设计实践

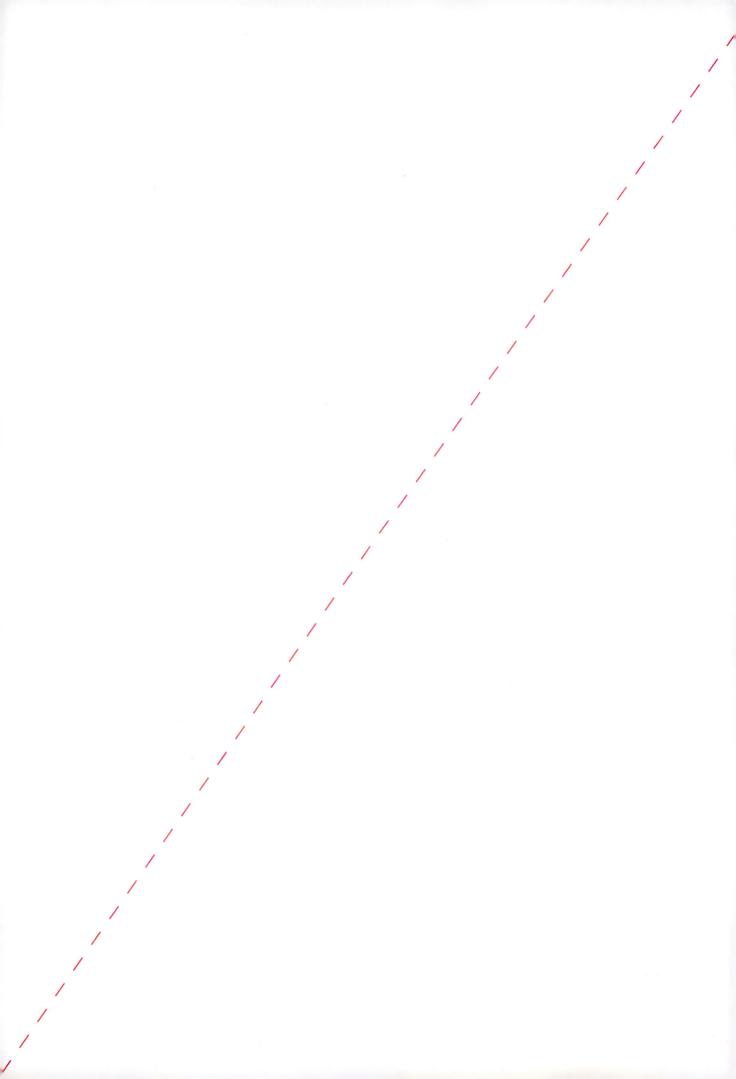

8.1介绍与概念

校企合作是产品设计专业学生提升专业核心竞争力的途径之一。校企合作是一种可充分实现校企双方资源利用、环境共享进而实现学校、学生、教师、企业互利共赢的教育模式。在20世纪20年代早期，包豪斯率先倡导校企合作。历史证明，这是工业设计教育最有效的方式之一。随着市场竞争的加剧，通过与高校合作构建产品研发中心也成为很多现代企业产品研究开发的新模式。

对于高校：大学可以为教师、学生、企业研究人员提供研发平台，可作为协同创新知识服务中心。

对于学生：实践能力是设计专业毕业生最重要的能力之一。通过校企合作来帮助学生理论应用于实践提升学生的设计实践能力。

对于企业：校企合作项目不仅可以创造企业价值，同时，企业可以为其未来的发展选拔合适的专业人才。

总之，通过校企合作，大学可得到健康发展，企业得到经济利益，学生得到实践经验，最终实现可持续发展。

经过多年的校企合作设计实践，东华大学生活产品设计工作室(图8.01)遵循从生活方式视角入手，实现国外企业本土化与国内企业国际化设计目标。师生团队在设计前期研究、概念设计、产品设计、工程设计以及可用性测试等设计全过程均积累了一定的工作经验与校企合作模式。产品类别横跨家用电器、家居用品、时尚产品等行业。合作客户包括美国凯文克莱、法国迪卡侬、德国凯斯宝玛、德国欧德堡、中国外汇交易中心、海尔、TCL等。

图8.01 生活产品设计工作室一角

8.2模式与实践

经过多年的设计实践，作者总结出了 5 种较成熟的校企合作设计模式。包括：项目合作、课程合作、设计竞赛、毕业课题、作品转换。

8.2.1 项目合作

合作模式：该合作模式通过将项目导入工作室，招募优秀学生，导师与选拔出的 4~8 名学生共同组成设计团队，每位同学每周全职工作 3 天，定期向企业汇报阶段成果，倾听反馈意见，最终完成项目。此项目正常设计周期约 12 周，企业将得到至少一款可生产的产品样品。该种模式分为 4 步：

前期准备：设计背景、需求研究、组建团队；

头脑风暴及灵感板：使用环境、功能、总结关键词；

概念设计：使用者生活方式、产品使用环境、产品形态、色彩、材质、结构、表面处理、技术分析；

产品设计：产品形态、产品色彩、产品功能、产品材质、产品技术、产品结构与加工、产品情感、表面处理、人机分析。

在每一个阶段，团队成员均要向企业进行汇报，并同企业沟通，及时得到反馈，并进一步完善方案（图8.02）。

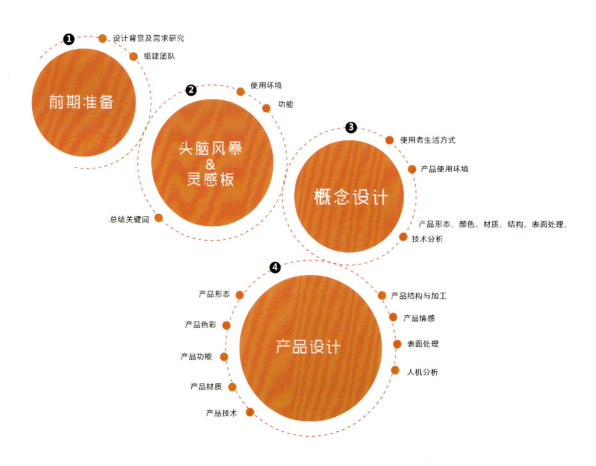

❶ 设计背景及需求研究
组建团队
前期准备

❷ 使用环境
功能
头脑风暴 & 灵感板
总结关键词

❸ 使用者生活方式
产品使用环境
概念设计
产品形态、颜色、材质、结构、表面处理、技术分析

❹ 产品形态 产品结构与加工
产品色彩 产品情感
产品功能 表面处理
产品材质 人机分析
产品技术 **产品设计**

图8.02 项目合作模式

成功案例——咖啡小站

设计背景：凯斯宝玛是德国一家高端橱柜及五金产品企业，其打算开拓亚洲及中国市场。如今中国人喝咖啡逐渐成为一种时尚，而市场上的咖啡机主要是嵌入式的咖啡机，其缺点在于不可移动性。同时，当用户要做一杯高品质咖啡的时候需要打开多少柜子去准备咖啡豆，杯子，糖块，牛奶，饼干，咖啡勺？设计师是不是可以将这些琐碎的东西整合在一起呢？这就是该产品的设计背景（图8.03）。

起初设计师在考虑一个简单的问题：如果用户决定花高价购买一个嵌入式的咖啡机，那么可以怎么用它？哪间房间方便用来招待喝咖啡的客人？在设计师看来，为了向宾朋展示出用户的品位，绝对不会仅仅在厨房给他们冲一杯速溶咖啡，毕竟咖啡文化更像一个仪式。当用户想在餐厅、卧室，或者任何想品咖啡的地方招待客人时，这时嵌入式咖啡柜由于其位置固定而受到牵绊。这就是开发此咖啡柜的原因，它可被移动到家庭里任何想展示的地方。

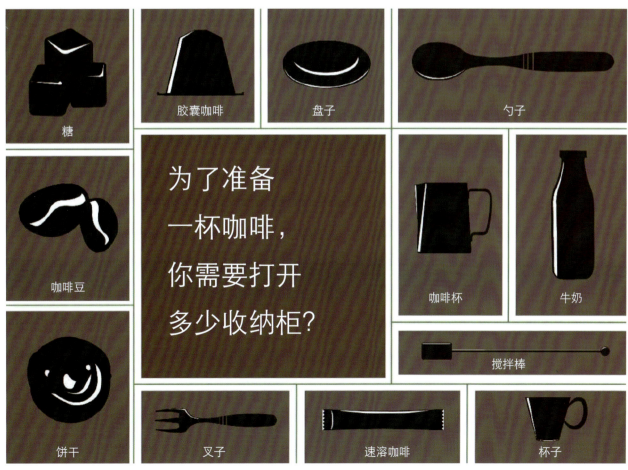

图8.03 设计背景

我们对产品的外形风格、材料、颜色、表面处理、灯光、开门方式等进行草图创意尝试（图8.04）。

产品最终既要保持凯斯宝玛的德国产品的 DNA，又要符合目标用户喜欢多、全、大而又内隐性的生活方式（最终草图定稿图见8.05）。

这款"咖啡小站"产品是将美诺咖啡机，美诺食物加热机，以及咖啡胶囊层和凯斯宝玛的五金件系列整合起来的（电脑渲染图8.06）。

图8.04 概念草图（左上）／图8.05 定稿草图（右上）／图8.06 电脑渲染图（下）

这款"咖啡小站"可以解决你制作咖啡所产生的许多问题。此外它下面是四个轮子，所以可以轻松移动到客户想放置的地方。整体设计简洁现代，有很强的品质感。

根据企业的不同消费爱好，企业制作两款不同材质的柜，一款铝合金材质，一款木材质。

最终产品样品效果见图 8.07。

该"咖啡小站"的设计凭借其在创新性、实用性、经济性、环保性、工艺性、美学性上的设计优势荣获 2014 年中国设计红星奖。该奖项对本项目及课题的研究者是一个充分的肯定。

图8.07 产品样品图（上）/ 图8.08 新品发布现场（下）

凯斯宝玛高端展柜设计实践

TANDEM 高端展柜（图 8.09）：

本设计是为国外品牌进入中国奢侈品展示市场而设计的系列作品之一。客户需要将其国外高端五金件及材料结合中国消费文化，为中国市场而设计。

本展柜用来展示高端收藏品或奢侈品，为有收藏爱好的精英人士在家庭或者办公室提供一个可以良好展现自己收藏的展柜。如高端手表，金玉首饰，高端白酒，葡萄酒，车模等。

（1）本展柜具有超大展示空间，开门后具有四部分的存储区域，数量庞大的收藏品给用户带来扑面而来的惊艳之感。

（2）根据中国人的奢侈感，为德国凯斯宝玛国际品牌，提出本土化的设计方案。例如：整体选用中国红作为主色调，背景墙选用中国传统吉祥图案，加上 LED 的灯光效果，整体色调显得奢侈而温暖。

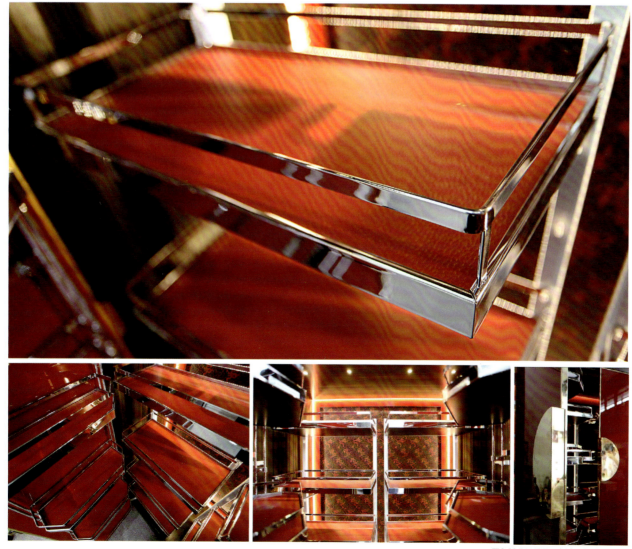

图8.09 TANDEM高端展柜内部细节

LAVIDO 高端展柜:

从中国人内隐性生活方式入手,在高端展柜设计中提出"柜中柜"概念,即展柜内部还有展柜。当用户看到奢侈展品并打开展柜欣赏后,柜子内部还有展示更加奢侈展品的第二个展柜,给用户带来层层惊喜感。

项目背景: 由于凯斯宝玛产品主要用于展示、收纳等功能,因此研究入手点在于中国人的展示与收纳习惯。因此,在本次设计中,经过双方的头脑风暴会议决定:以中国人的家用或办公用酒柜、奢侈品展柜为切入点。

文化背景: 白酒文化在中国源远流长,这在中国的历史名句中可以深刻体会到,"酒逢知己千杯少","明月几时有,把酒问青天"在中国主要的节庆场合如婚、葬、嫁、娶,搬迁、升学、聚会,白酒通常是必不可少的。同时,中国人有收藏酒的习惯,市场上也出现很多不同材质的酒柜产品。

设计概念 1: 当用户打开柜子时,一眼可看到高端的展品。但本作品的创新点在于:当用户再往外拖拉时,在酒柜的后面还有更高品质的名酒(图8.10)。其符合了地域文化的特征:最好的在最后出现,酒香不怕巷子深,好东西藏而不露等。

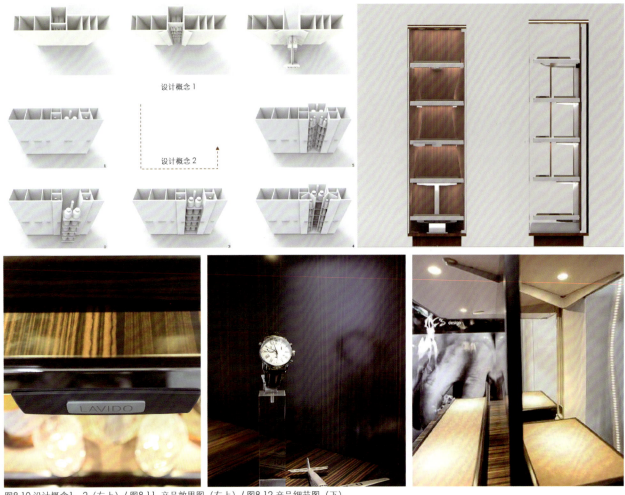

设计概念 1

设计概念 2

图8.10 设计概念1,2(左上)/ 图8.11 产品效果图(右上)/ 图8.12 产品细节图(下)

设计概念 2：此概念是在设计概念 1 的基础上提出的第二款设计，当用户打开柜门时，展架会从展柜内出来将展品三面展示给客人，而当用户将展架往后推时，隐藏在左右两侧的更奢侈的展架从两侧翻转过来，给客人二次惊喜感（图 8.10）。

最终，经过生产方、客户方、设计方、工程方联合设计评价，采纳第一款方案进行深入产品设计，并制作产品效果图（图 8.11）。

本产品创新点：（1）从中国人内隐性的生活方式入手，在高端展柜设计中提出"柜中柜"的概念，即展柜内部还有展柜。（2）根据中国人对奢侈感的理解，为德国凯斯宝玛国际品牌提出本土化设计方案。例如：在背板上设计一个弧线形 LED 背光板，将原本昏暗的柜内装饰的通透大气，同时增加了展柜柔美的曲线，整体色调显得奢侈而温暖（图 8.12、图 8.13）。

图8.13 LAVIDO高端展柜实物图

大学校园公共设计

　　从东华大学学校定位出发，从几何的线条、立体的切割、年轻、活力、具有时尚感等关键词中汲取灵感，重新定义校园公共设施的设计语言，规范校园张贴行为，既起到宣传目的，又强化了学校的视觉统一性，提升了学校形象（图 8.14）。

图8.14 东华大学宣传栏设计

8.2.2 课程合作

这种合作模式通过将项目导入课堂，约 25~30 名同学结合课堂所学习知识要点，以企业课题为设计要求，以个人或者团队的方式每人设计一套方案。

此项目正常设计周期约 9 周，企业将得到一些新鲜有价值的产品概念。在这种模式中，共有 6 步：企业给定课题、课程讲解、课题确定、设计实践、作品输出、项目结束（图 8.15）。

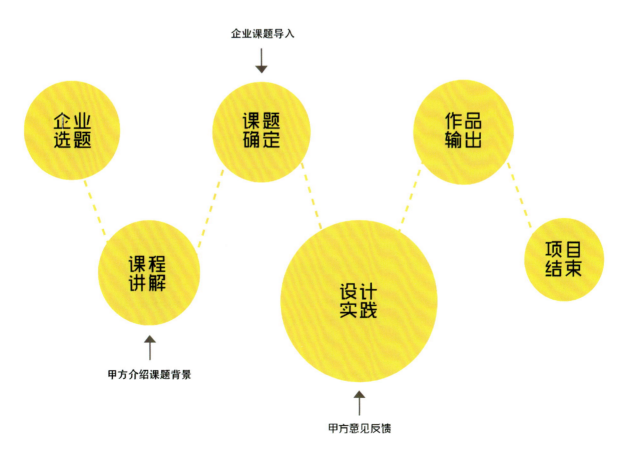

图8.15 课程合作模式

成功案例——德国欧德堡高端展柜设计

欧德堡作为一家德国知名展柜设计制造供应商，服务于雨果博士等高端奢侈品牌，我们主要通过加入些东方元素，使其产品更加特别，以高端的品质和创意来吸引客户的订单。在本次设计中，双方将课题导入课堂，做了些有意义的尝试。下面列举2位同学的作品：

图8.16 饰品架：展柜的灵感来源于山脉，展示了一种意境之美。饰品架是由25片木板层叠而成，如山峰一般层峦叠嶂，中部有一个小盆地可以放置饰品。而展柜的灯光藏于饰品架的底部，光线如初升的太阳从饰品架的缝隙中透出。

图 8.17 手表展柜：这款取名为"新性感"的手表展柜设计将现代简约与文化韵味相结合以一种错乱反射展现出迷离的新性感；窗格底座设计与现代镜面反光相结合展现空间美感。

图8.16饰品架 / 图8.17 "新性感" 手表展柜

迪卡侬低幼儿健身产品开发设计

迪卡侬是一家运动品牌企业，企业希望与院校合作在产品设计前期提供出针对中国低幼儿运动现状的研究报告及概念产品。运用影子观察法、用户旅行地图方法发现设计机会点，通过思维导图提供数款设计概念，并运用于公司的新产品开发中。

最终为低幼儿童设计了一套家用游具产品，以攀爬、跳跃、滑动的游乐等动作，满足身心发展需要，帮助儿童不仅在动作方面得到了锻炼，而且通过简易的组装、收纳过程，获得心智上的发展（图8.18）。

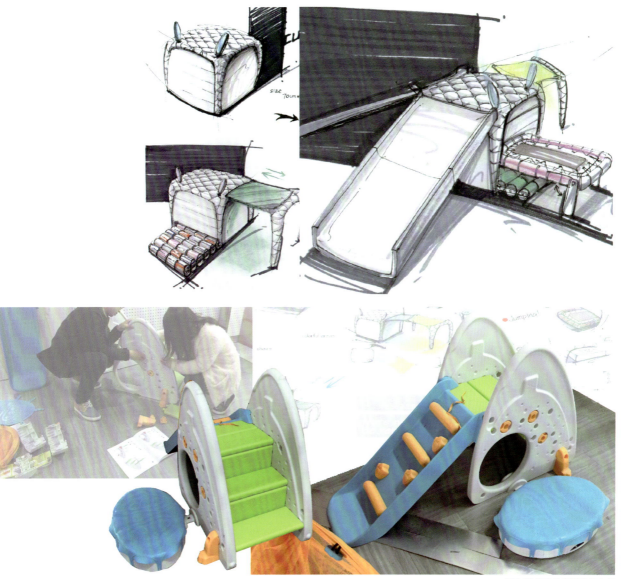

图8.18 低幼儿家用游具产品

8.2.3 设计竞赛

合作模式：该种合作模式通过将项目以设计竞赛的方式介绍给所有同学，对本赛事感兴趣的同学可利用课余时间自行参赛，教师给予一定的组织与指导。此竞赛正常周期约 10~18 周，企业将得到大量的创意想法。该种合作模式分为 5 步进行，包括：确认课题、校园宣讲、作品创作阶段、作品中期汇报、作品提交阶段（图 8.19）。

图8.19 设计竞赛合作模式

成功案例——CK 手表、首饰设计

2014 年瑞士 CK 集团联合美国 FIT，意大利 IED 与中国东华大学等 3 校发起设计竞赛，每个学校挑选 10~15 名优秀学生，每人针对其 2015 年秋冬流行趋势，设计 3 个系列手表、首饰概念产品，学生最终作品得到了瑞士设计总监及美国总部设计师的高度认可。第一名同学的作品展示于 2015 年巴塞尔国际钟表首饰展。

情绪板及设计作品 1（图 8.20）：极简几何融入现代都市；

情绪板及设计作品 2（图 8.21）：复古运动极致。

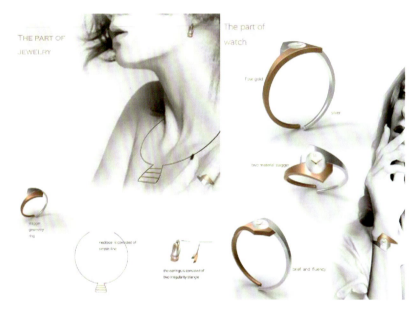

图8.20 设计作品1（上）/ 图8.21 设计作品2（下）

8.2.4 毕业课题

合作模式：该种合作模式通过将项目导入本科生或研究生的毕业设计，根据企业要求，确定参与课题人数，本科生的周期约 6 个月，企业将得到一款产品样品；研究生的周期约 12~20 个月，企业将得到一份研究报告及一款产品模型或样品(图8.22)。

成功案例——外滩摄影机柜

受外滩摄影委托，对其现有机柜产品提出改良性设计方案。对工作人员与游客行为影子观察研究、现有产品及产品使用环境分析、产品属性、材料、

工艺、趋势等的研究，提出更加年轻、时尚、动感、活力的设计提案（图8.23）。

全智能医疗输液椅（图8.24）：

受上海锶氪纳米科技有限公司委托，对上海多家医院的病人、医护人员、陪同人员等在输液前、输液时、换药时、输液后各阶段与椅子的关系进行用户旅行地图观察研究，总结出八大问题点，提出解决方案，最终产品成功展示于上海工博会，并获得第五届瑞德毕业设计邀请赛最具商业价值奖。

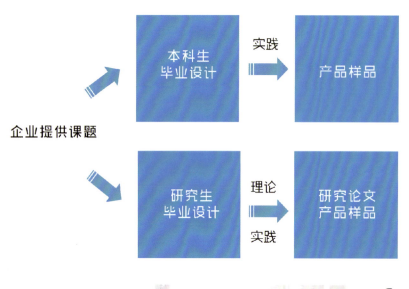

8.22 毕业课题合作模式（上） / 8.23 外滩摄影柜台设计（下）

图8.24 全智能医疗输液椅

8.2.5 作品转换（图 8.25）

合作模式：该种合作模式基于高校已经设计并成功制作出的样品及研究报告，企业以一次性买断方式选择符合自身品味特征的产品，节省开发时间，提高工作效率。该种合作模式主要包括以下几点：

观察日记转让：生活记录、文化之旅、观察日记、竞争分析；

趋势报告转让：趋势预测、关键词提取、问题整理；

作品转让：提出解决方案、样品制作。

成功案例

作为设计师，定期举行文化采风之旅、生活观察、市场产品分析、了解设计趋势等活动，既把握本土化民风民俗，又紧跟国际时尚潮流，在本土与国际之间寻找着平衡点。同时，也不忘对弱势群体、环境问题的思考，积累并动手制作生活产品。其中，有些产品通过在线平台渠道实现经济价值，有些产品通过参加展览实现了教育与公益价值。图 8.26 正是工作室设计师将传统金山土布运用于现代家居生活产品中而进行的系列探索。

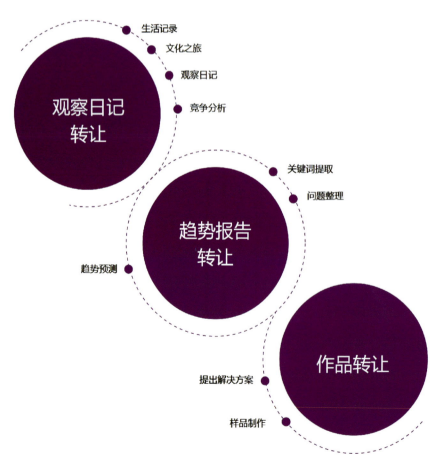

生活记录
文化之旅
观察日记
竞争分析

观察日记转让

关键词提取
问题整理

趋势报告转让

趋势预测

作品转让

提出解决方案

样品制作

图8.25 作品转让合作模式

图8.26 金山土布本土化家居产品设计

参考文献

书籍、论文：

[1] Marc Stickdorn and Jakob Schneider. 池熙璿译. 这就是服务设计思考！[M]. 台湾：中国生产力中心，2015.

[2] 陈俊达.无用设计：32位顶尖设计师的永续创意[M]. 台湾：台湾出版商周出版社，2008.

[3] Vijay kumar. 101 Design Methods: a structured approach for driving innovation in your organizaton [M].
　　 Canada： Jphn Wiley & Sons, Inc., Hoboken, New Jersey, 2013.

[4] Smith, Cynthia. Design for the Other 90 Percent [M]. America： Perseus Distribution Services, 2007.

[5] Donald Norman, 译者: 付秋芳／程进三. 情感化设计[M]. 北京：电子工业出版社.

[6] 段胜峰,彭科星,岑华. 家居产品设计[M]. 重庆：西南师范大学出版社，2008.

[7] 缪珂,潘祖平.中国本土化家居产品的现代设计方法研究[J]. 包装工程，2011,32（18）.

[8] 高凤麟. "微设计"理念及其实践方法研究[D]. 中国美术学院博士学位论文，2014.

网站：

http://www.designcouncil.org.uk/

http://www.service-design-network.org/

http://servicedesigntools.org/

http://ifworlddesignguide.com/

http://www.red-dot.sg/

http://www.idsa.org/IDEA

http://worlddesignimpact.org/